国 家 出 版 基 金 资 助 项 目
"十四五" 时期国家重点出版物出版专项规划项目

国家出版基金项目
NATIONAL PUBLICATION FOUNDATION

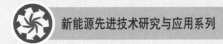

新能源先进技术研究与应用系列

核动力直流蒸汽发生器中的汽液两相流动与传热

Steam-Liquid Two-Phase Flow and Heat Transfer in
Nuclear Power Once-Through Steam Generator

史建新　孙宝芝　著

哈尔滨工业大学出版社
HARBIN INSTITUTE OF TECHNOLOGY PRESS

内 容 简 介

本书系统、全面地介绍了气(汽)液两相流的基本理论、核动力直流蒸汽发生器中涉及的流动沸腾现象及危机,提供了描述核动力直流蒸汽发生器中汽液两相流动与传热的完整数学模型,分别给出了不同类型管与直管式直流蒸汽发生器内的汽液两相流动与传热规律,探讨了改善蒸干及蒸干后传热的措施。

本书可供高等院校核科学与技术、动力工程及工程热物理、航空航天、船舶与海洋等专业的教师、研究生、高年级本科生以及相关专业的工程设计人员学习和参考。

图书在版编目(CIP)数据

核动力直流蒸汽发生器中的汽液两相流动与传热/史建新,孙宝芝著. —哈尔滨:哈尔滨工业大学出版社, 2023.6

(新能源先进技术研究与应用系列)

ISBN 978 - 7 - 5767 - 0494 - 5

Ⅰ.①核⋯ Ⅱ.①史⋯ ②孙⋯ Ⅲ.①核动力-直流-蒸汽发生器-气体-液体流动 ②核动力-直流-蒸汽发生器-流动沸腾传热 Ⅳ.①TL353

中国版本图书馆 CIP 数据核字(2022)第 253316 号

策划编辑	王桂芝　丁桂焱
责任编辑	陈雪巍　宋晓翠
出版发行	哈尔滨工业大学出版社
社　　址	哈尔滨市南岗区复华四道街 10 号　邮编 150006
传　　真	0451 - 86414749
网　　址	http://hitpress.hit.edu.cn
印　　刷	辽宁新华印务有限公司
开　　本	720 mm×1 000 mm　1/16　印张 18.75　字数 316 千字
版　　次	2023 年 6 月第 1 版　2023 年 6 月第 1 次印刷
书　　号	ISBN 978 - 7 - 5767 - 0494 - 5
定　　价	98.00 元

 总　序

　　能源是人类社会生存发展的重要物质基础,攸关国计民生和国家安全。当前,随着世界能源格局深刻调整,新一轮能源革命蓬勃兴起,应对全球气候变化刻不容缓。作为世界能源消费大国,牢固树立和贯彻落实创新、协调、绿色、开放、共享的发展理念,遵循能源发展"四个革命、一个合作"战略思想,推动能源生产和利用方式发生重大变革,建设清洁低碳、安全高效的现代能源体系,是我国能源发展的重大使命。

　　由于煤、石油、天然气等常规能源储量有限,且其利用过程会带来气候变化和环境污染,因此以可再生和绿色清洁为特质的新能源和核能越来越受到重视,成为满足人类社会可持续发展需求的重要能源选择。特别是在"双碳"目标下,构建清洁、低碳、安全、高效的能源体系,加快实施可再生能源替代行动,积极构建以新能源为主体的新型电力系统,是推进能源革命,实现碳达峰、碳中和目标的重要途径。

　　"新能源先进技术研究与应用系列"图书立足新时代我国能源转型发展的核心战略目标,涉及新能源利用系统中的"源、网、荷、储"等方面:

　　(1)在新能源的"源"侧,围绕新能源的开发和能量转换,介绍了二氧化碳的能源化利用,太阳能高温热化学合成燃料技术,海域天然气水合物渗流特性,生物质燃料的化学㶲,能源微藻的光谱辐射特性及应用,以及先进核能系统热控技术、核动力直流蒸汽发生器中的汽液两相流动与传热等。

（2）在新能源的"网"侧，围绕新能源电力的输送，介绍了大容量新能源变流器并联控制技术，面向新能源应用的交直流微电网运行与优化控制技术，能量成型控制及滑模控制理论在新能源系统中的应用，面向新能源发电的高频隔离变流技术等。

（3）在新能源的"荷"侧，围绕新能源电力的使用，介绍了燃料电池电催化剂的电催化原理、设计与制备，Z 源变换器及其在新能源汽车领域中的应用，容性能量转移型高压大容量电平变换器，新能源供电系统中高增益电力变换器理论及其应用技术等。此外，还介绍了特色小镇建设中的新能源规划与应用等。

（4）在新能源的"储"侧，针对风能、太阳能等可再生能源固有的随机性、间歇性、波动性等特性，围绕新能源电力的存储，介绍了大型抽水蓄能机组水力的不稳定性，锂离子电池状态的监测和状态估计，以及储能型风电机组惯性响应控制技术等。

该系列图书是哈尔滨工业大学等高校多年来在太阳能、风能、水能、生物质能、核能、储能、智慧电网等方向最新研究成果及先进技术的凝练。其研究瞄准技术前沿，立足实际应用，具有前瞻性和引领性，可为新能源的理论研究和高效利用提供理论及实践指导。

相信本系列图书的出版，将对我国新能源领域研发人才的培养和新能源技术的快速发展起到积极的推动作用。

2022 年 1 月

 **前　言**

当今社会的发展日新月异,但是经济飞速发展的同时也带来诸多问题。对人类社会的影响主要有自然资源短缺、日趋增长的温室气体排放量和环境污染等。在这种背景下寻找清洁能源势在必行。核能作为清洁能源的代表受到了广泛关注,现在核能已经逐渐被应用于军事、发电等领域。我国发布的《中华人民共和国国民经济和社会发展第十四个五年规划和2035年远景目标纲要》明确指出"安全稳妥推动沿海核电建设,建设一批多能互补的清洁能源基地""建成华龙一号、国和一号、高温气冷堆示范工程,积极有序推进沿海三代核电建设",这对核电、核动力系统的安全高效运行和长期发展提出了更高的要求。

本书是为了充实、完善和发展核动力装置中的汽液两相流动沸腾理论,尤其是蒸干这一传热恶化现象的经典理论,使其更有效地服务、应用于核工业而撰写。全书共分6章,第1章主要介绍气(汽)液两相流的基本理论、参数和现象;第2章阐述汽液两相流动沸腾在核动力系统中的应用;第3章详细论述直流蒸汽发生器中汽液两相流动与传热的数学描写;第4章给出不同类型管内发生的蒸干传热恶化现象及蒸干后传热规律;第5章给出并分析直管式直流蒸汽发生器中的汽液两相流动与传热特性;第6章介绍蒸干及蒸干后传热的改善,并给出了可行的建议和措施。

在本书撰写过程中,哈尔滨工程大学热能工程研究所研究生赵宇、刘尚华、于祥、吴宛泽、张鑫和韩昭旭提供了不少帮助,其中赵宇协助进行了第4章螺旋管内汽液两相流动压降的计算,刘尚华和于祥协助进行了第 4 章螺旋管内核态沸腾换热非均匀性的数值计算,吴宛泽协助进行了第 4 章内螺纹管内的汽液两相流动与传热数值计算,张鑫和韩昭旭协助进行了资料查询、书稿整理等工作,在此深表谢意。

同时本书还参考了许多著作,在每一章参考文献中按照参考顺序详细列出了相关文献,在此对相关文献作者表示诚挚的谢意。感谢国家自然科学基金项目和国家出版基金项目对本书内容及出版相关事项提供的资助。

由于作者水平有限,书中难免存在疏漏及不足之处,诚恳欢迎各位读者批评指正。

作　者

2023 年 4 月

目 录

第 1 章　气(汽)液两相流基本理论 ⋯⋯⋯⋯⋯⋯⋯⋯⋯⋯ 001

　　1.1　气(汽)液两相流的基本参数 ⋯⋯⋯⋯⋯⋯⋯⋯ 003

　　1.2　直管内气(汽)液两相流型 ⋯⋯⋯⋯⋯⋯⋯⋯⋯ 008

　　1.3　倾斜管和螺旋管内气(汽)液两相流型 ⋯⋯⋯⋯ 016

　　1.4　直管管束间气(汽)液两相流型 ⋯⋯⋯⋯⋯⋯⋯ 021

　　本章参考文献 ⋯⋯⋯⋯⋯⋯⋯⋯⋯⋯⋯⋯⋯⋯⋯⋯ 025

第 2 章　流动沸腾在核动力系统中的应用 ⋯⋯⋯⋯⋯⋯⋯ 029

　　2.1　核动力系统简介 ⋯⋯⋯⋯⋯⋯⋯⋯⋯⋯⋯⋯⋯ 031

　　2.2　直流蒸汽发生器中的流动沸腾 ⋯⋯⋯⋯⋯⋯⋯ 032

　　2.3　汽液两相流动与传热中的热力平衡与热力非平衡 ⋯ 033

　　2.4　沸腾危机 ⋯⋯⋯⋯⋯⋯⋯⋯⋯⋯⋯⋯⋯⋯⋯⋯ 036

　　2.5　偏离核态沸腾后的流动与传热 ⋯⋯⋯⋯⋯⋯⋯ 039

　　2.6　蒸干后的流动与传热 ⋯⋯⋯⋯⋯⋯⋯⋯⋯⋯⋯ 042

　　本章参考文献 ⋯⋯⋯⋯⋯⋯⋯⋯⋯⋯⋯⋯⋯⋯⋯⋯ 048

第 3 章　直流蒸汽发生器中汽液两相流动与传热的数学描写 ⋯ 053

　　3.1　汽液两相流动与传热的数学描写方法 ⋯⋯⋯⋯ 055

　　3.2　直流蒸汽发生器二次侧的传热分区 ⋯⋯⋯⋯⋯ 056

　　3.3　单相对流区的数学模型 ⋯⋯⋯⋯⋯⋯⋯⋯⋯⋯ 059

3.4 饱和核态沸腾区的数学模型 ⋯⋯⋯⋯⋯⋯⋯⋯⋯⋯⋯ 061

3.5 液膜强制对流蒸发区的数学模型 ⋯⋯⋯⋯⋯⋯⋯⋯⋯ 063

3.6 缺液区的数学模型 ⋯⋯⋯⋯⋯⋯⋯⋯⋯⋯⋯⋯⋯⋯ 066

3.7 模化流动沸腾过程的半机理模型 ⋯⋯⋯⋯⋯⋯⋯⋯⋯ 068

本章参考文献 ⋯⋯⋯⋯⋯⋯⋯⋯⋯⋯⋯⋯⋯⋯⋯⋯⋯⋯ 084

第 4 章　管内汽液两相流动与传热 ⋯⋯⋯⋯⋯⋯⋯⋯⋯⋯ 091

4.1 不同流动通道的蒸干标准 ⋯⋯⋯⋯⋯⋯⋯⋯⋯⋯⋯⋯ 093

4.2 临界质量含汽率的改进方法 ⋯⋯⋯⋯⋯⋯⋯⋯⋯⋯⋯ 104

4.3 垂直上升管内的蒸干及蒸干后传热 ⋯⋯⋯⋯⋯⋯⋯⋯ 105

4.4 螺旋管内的汽液两相流动与传热 ⋯⋯⋯⋯⋯⋯⋯⋯⋯ 117

4.5 内螺纹管内的汽液两相流动与传热 ⋯⋯⋯⋯⋯⋯⋯⋯ 161

本章参考文献 ⋯⋯⋯⋯⋯⋯⋯⋯⋯⋯⋯⋯⋯⋯⋯⋯⋯⋯ 174

第 5 章　直管式直流蒸汽发生器中的汽液两相流动与传热特性 ⋯ 179

5.1 基于第二类边界条件的直管式直流蒸汽发生器中的
汽液两相流动与传热特性 ⋯⋯⋯⋯⋯⋯⋯⋯⋯⋯⋯⋯ 182

5.2 基于耦合传热边界条件的直管式直流蒸汽发生器中
的汽液两相流动与传热特性 ⋯⋯⋯⋯⋯⋯⋯⋯⋯⋯⋯ 201

5.3 不同运行参数下直管式直流蒸汽发生器中的汽液两
相流动与传热特性 ⋯⋯⋯⋯⋯⋯⋯⋯⋯⋯⋯⋯⋯⋯⋯ 219

本章参考文献 ⋯⋯⋯⋯⋯⋯⋯⋯⋯⋯⋯⋯⋯⋯⋯⋯⋯⋯ 231

第 6 章　蒸干及蒸干后传热的改善 ⋯⋯⋯⋯⋯⋯⋯⋯⋯⋯ 235

6.1 改善蒸干及蒸干后传热的意义 ⋯⋯⋯⋯⋯⋯⋯⋯⋯⋯ 237

6.2 支撑板对蒸干及蒸干后传热的影响 ⋯⋯⋯⋯⋯⋯⋯⋯ 238

6.3 蒸干参数对蒸干及蒸干后传热的影响 ⋯⋯⋯⋯⋯⋯⋯ 253

本章参考文献 ⋯⋯⋯⋯⋯⋯⋯⋯⋯⋯⋯⋯⋯⋯⋯⋯⋯⋯ 268

名词索引 ⋯⋯⋯⋯⋯⋯⋯⋯⋯⋯⋯⋯⋯⋯⋯⋯⋯⋯⋯⋯ 271

附录　部分彩图 ⋯⋯⋯⋯⋯⋯⋯⋯⋯⋯⋯⋯⋯⋯⋯⋯⋯ 273

第 1 章

气(汽)液两相流基本理论

本章首先对气(汽)液两相流涉及的基本参数的概念与定义式进行说明;在此基础上针对工程实际中的典型流动通道(竖直向上管、竖直向下管、水平管、倾斜管和螺旋管等管内的气(汽)液两相流动以及气(汽)液两相流横向和纵向冲刷管束等情形)、不同运行参数条件(实验范围)下的气(汽)液两相流型进行详细介绍;然后结合气(汽)液两相流基本参数展示不同流动通道内应用较为广泛的气(汽)液两相流型图及相应的流型转换判断标准;最后讨论部分流动通道参数对流型转换界限的影响规律。

1.1　气(汽) 液两相流的基本参数

气(汽)液两相流,顾名思义,是指在流动通道中存在着气(汽)相和液相两种流体,导致描述其流动状态的参数要远多于单相流动。同时考虑到气(汽)相和液相之间以及两种流体与流道壁面间存在复杂的互扰与耦合作用,实际设备的流道结构又复杂多变,这为气(汽)液两相流动与传热研究带来非常大的困难。本书首先从描述气(汽)液两相流的基本参数入手进行介绍。

1.1.1　质量流量和质量流速

气(汽)液两相流的总质量流量 M 指单位时间内流过流道截面的气(汽)液两相流的质量,单位为 kg/s。总质量流速 G 指流过单位流道截面积的总质量流量,单位为 $kg/(m^2 \cdot s)$。对于气(汽)液两相流,分别有液相质量流量 M_l、气(汽)相质量流量 M_v、液相质量流速 G_l、气(汽)相质量流速 G_v 四个变量。

$$M = M_l + M_v \tag{1.1}$$

$$G = G_l + G_v \tag{1.2}$$

质量流速有 G_l 与 G_v、G_l^0 与 G_v^0 两种表示方法:

$$G_l = M_l/A \tag{1.3}$$

$$G_v = M_v/A \tag{1.4}$$

$$G_l^0 = M_l/A_l \tag{1.5}$$

$$G_v^0 = M_v/A_v \tag{1.6}$$

式中　　A——流道总流通面积,m^2;

A_1—— 液相流通面积，m^2；

A_v—— 气（汽）相流通面积，m^2；

G_1^0—— 液相真实质量流速，$kg/(m^2 \cdot s)$；

G_v^0—— 气（汽）相真实质量流速，$kg/(m^2 \cdot s)$。

其中，G、G_1、G_v 也称为表观面积质量流速。

1.1.2　体积流量

气（汽）液两相流体的总体积流量 Q 指单位时间流过流道截面的流体总体积，包括液相体积流量 Q_1 和气（汽）相体积流量 Q_v，单位为 m^3/s。

$$Q = Q_1 + Q_v \tag{1.7}$$

$$Q_1 = M_1/\rho_1 \tag{1.8}$$

$$Q_v = M_v/\rho_v \tag{1.9}$$

式中　ρ_1—— 液相密度，kg/m^3；

ρ_v—— 气（汽）相密度，kg/m^3。

1.1.3　质量含气（汽）率及质量含液率

气（汽）液两相流动中，质量含气（汽）率 x 被定义为流道截面上的气（汽）相质量流量与两相混合质量流量之比，也称干度；而流道截面的液相质量流量与两相混合质量流量之比则称为质量含液率 $1-x$，计算如下：

$$x = \frac{M_v}{M_v + M_1} \tag{1.10}$$

$$1 - x = \frac{M_1}{M_v + M_1} \tag{1.11}$$

根据上述定义可知质量流速、质量流量与质量含气（汽）率和质量含液率之间的关系：

$$M_v = GAx \tag{1.12}$$

$$M_1 = GA(1-x) \tag{1.13}$$

1.1.4　截面含气（汽）率及截面含液率

截面含气（汽）率 α 被定义为同一流道截面上，气（汽）相所占截面积 A_v 与该截面流道总流通面积 A 之比。相应地,截面含液率 $1-\alpha$ 为液相所占截面积 A_1 与该截面流道总流通面积 A 之比。

$$\alpha = A_v/A \tag{1.14}$$

$$1-\alpha = A_1/A \tag{1.15}$$

1.1.5　真实速度和表观速度

液相真实速度 u_1 和气(汽)相真实速度 u_v 为

$$u_1 = Q_1/A_1 \tag{1.16}$$

$$u_v = Q_v/A_v \tag{1.17}$$

进一步可得

$$u_v = M_v/(\rho_v A_v) \tag{1.18}$$

$$u_1 = M_1/(\rho_1 A_1) \tag{1.19}$$

则有

$$u_v = Gx/(\rho_v \alpha) \tag{1.20}$$

$$u_1 = G(1-x)/[\rho_1(1-\alpha)] \tag{1.21}$$

液相的表观速度 J_1 被定义为液相体积流量和流道总流通面积之比,也称为液相折算速度;气(汽)相的表观速度 J_v 则为气(汽)相体积流量和流道总流通面积之比,也称为气(汽)相折算速度。

$$J_1 = Q_1/A = M_1/(\rho_1 A) = G_1/\rho_1 \tag{1.22}$$

$$J_v = Q_v/A = M_v/(\rho_v A) = G_v/\rho_v \tag{1.23}$$

两相混合物的表观速度 J,也称为混合速度:

$$J = J_1 + J_v \tag{1.24}$$

1.1.6　相对速度和滑速比

相对速度 u_r 为气(汽)液两相流体真实速度之差:

$$u_r = u_v - u_1 \tag{1.25}$$

滑速比 S 为气(汽)液两相真实速度之比:

$$S = u_v/u_1 \tag{1.26}$$

1.1.7　体积含气(汽)率和体积含液率

体积含气(汽)率 β 被定义为气(汽)相体积流量和两相体积流量之比;而体积含液率 $1-\beta$ 则为液相体积流量和两相体积流量之比:

$$\beta = \frac{Q_v}{Q} = \frac{Q_v}{Q_v + Q_1} \tag{1.27}$$

$$1-\beta = \frac{Q_1}{Q} = \frac{Q_1}{Q_v + Q_1} \tag{1.28}$$

据此可建立质量含气(汽)率、截面含气(汽)率和体积含气(汽)率之间的关系:

$$\beta = \frac{x}{x + (1-x)\rho_v/\rho_1} \tag{1.29}$$

$$1-\beta = \frac{1-x}{1-x+x\rho_1/\rho_v} \tag{1.30}$$

$$x = \left(1 + \frac{\rho_1}{\rho_v}\frac{1-\beta}{\beta}\right)^{-1} \tag{1.31}$$

$$\alpha = \left(1 + S\frac{\rho_v}{\rho_1}\frac{1-x}{x}\right)^{-1} \tag{1.32}$$

$$S = \frac{1-\alpha}{\alpha}\frac{x}{1-x}\frac{\rho_1}{\rho_v} \tag{1.33}$$

1.1.8　扩散速度和漂移速度

对气(汽)液两相流动与传热过程中的流场取一控制体,流场质心(质量中心)a 和体心(体积中心)b 如图1.1所示。在此控制体的质心 a 处的介质流速为

$$u_{cm} = \frac{\int_V u_k \rho_k \mathrm{d}V}{\int_V \rho_k \mathrm{d}V} = \frac{\sum_{k=1}^{2} u_k \rho_k V_k}{m} = \frac{u_1 \rho_1 V_1 + u_v \rho_v V_v}{m} \tag{1.34}$$

$$m = \rho_1 V_1 + \rho_v V_v \tag{1.35}$$

其中,$k=1$ 和 $k=2$ 分别代表液相及气(汽)相;V 为体积。

气(汽)相扩散速度 u_{vcm} 为

$$u_{vcm} = u_v - u_{cm} \tag{1.36}$$

液相扩散速度 u_{lcm} 为

$$u_{lcm} = u_l - u_{cm} \tag{1.37}$$

对于控制体的体心 b,该处的表观速度为

$$J = \frac{\displaystyle\int_V u_k \mathrm{d}V}{\displaystyle\int_V \mathrm{d}V} = \frac{\displaystyle\sum_{k=1}^{2} u_k V_k}{V} = \frac{u_l V_l + u_v V_v}{V} \tag{1.38}$$

据此可定义气(汽)相漂移速度 $u_{vj} = u_v - J$ 和液相漂移速度 $u_{lj} = u_l - J$。

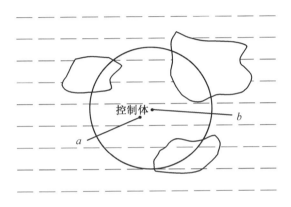

图 1.1　流场质心和体心

1.1.9 真实密度和流动密度

气(汽)液两相流动与传热过程中,流场中单位体积的质量被称为真实密度 ρ_{tp},假设流场长度为 $\mathrm{d}L$,则有

$$\rho_{tp} = \frac{\rho_v A_v \mathrm{d}L + \rho_l A_l \mathrm{d}L}{A \mathrm{d}L} = \alpha \rho_v + (1-\alpha)\rho_l \tag{1.39}$$

可以发现,虽然真实密度 ρ_{tp} 是气(汽)液两相流中的一个实际参数,但该参数属于不定参数。

流动密度 ρ_{cm} 被定义为质量流量与体积流量之比,也称混合密度。

$$\rho_{cm} = \frac{\rho_v Q_v + \rho_l Q_l}{Q_v + Q_l} = \frac{M}{M_v/\rho_v + M_l/\rho_l} = \left(\frac{x}{\rho_v} + \frac{1-x}{\rho_l}\right)^{-1} =$$

$$\beta \rho_v + (1-\beta)\rho_l = [x\upsilon_v + (1-x)\upsilon_l]^{-1} = \upsilon_{cm}^{-1} \tag{1.40}$$

式中　　υ_v——气(汽)相比容,$\mathrm{m^3/kg}$;

υ_l——液相比容,$\mathrm{m^3/kg}$;

υ_{cm}——两相混合比容,$\mathrm{m^3/kg}$。

1.2　直管内气(汽)液两相流型

从工程实际的观点来看,处理多相流的主要难点之一是其质量、动量和能量传递率及传递过程可以视作相当敏感的几何分布或拓扑组成的流动。例如,几何形状可能强烈影响相间用于质量、能量等交换的界面面积。此外,每个相或组分内部的流动将明显依赖于几何分布。因此应该认识到,在每个相或组分内部的流动、流动的几何形状以及几何形状的变化率之间存在复杂的双向耦合作用。这种双向转换的复杂性为多相流的研究带来了极大挑战,截至目前仍有许多工作要做。

对于单相流动状态,通常采用层流和湍流进行描述,流体力学中也将其称为流动机制。对于气(汽)液两相流动,两种流体的压力、流速以及流道受热状态、流道几何结构均会影响其流动形式,即两相流型(Two-phase Flow Pattern)。两相流型通常与每相的流动机制密不可分,也就是说,气(汽)相和液相各自对应的流动状态(层流或湍流)不同,其流型也将发生变化。例如,当气(汽)相流动状态为层流、液相流动状态为湍流时,两相流型通常为泡状流;当气(汽)相流动状态为湍流、液相流动状态为层流时,两相流型则是雾状流的可能性大;当气(汽)液两相流动状态均为层流且水平流动时,两相流型为分层流;当气(汽)液两相流动状态均为湍流且竖直流动时,两相流型为环状流。此外,两相流动过程中两种流体也可以有各种不连续的流动,如流动沸腾过程中的弹状流、搅拌流(搅混流)。因此在两相流研究过程中常引入两相流型这一概念以描述两相流体的实际流动方式。

1.2.1　竖直向上流动直管内气(汽)液两相流型

一般来说,在流道截面积不变、含气(汽)率不变的情况下,流型沿管长不发生变化。图 1.2 为流体在直管内竖直向上流动过程中的典型两相流型示意图。

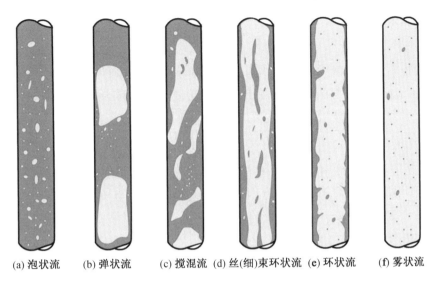

(a) 泡状流　　(b) 弹状流　　(c) 搅混流　(d) 丝(细)束环状流　(e) 环状流　　　(f) 雾状流

图 1.2　流体在直管内竖直向上流动过程中的典型两相流型示意图

（1）泡状流。

液相表现为连续相；气(汽)相表现为离散相并以离散气(汽)泡的形式弥散在连续液体中,气(汽)泡形式变化多端。

（2）弹状流。

随着泡状流中气(汽)相含量的逐渐增多(即气(汽)相流量增大),泡状流中的气(汽)泡碰撞、合并、变大,形成气弹,弹状气(汽)泡与含有离散小气(汽)泡的液块间隔出现,形成弹状流。该区域内由于气(汽)弹较大,其周围液体被挤到壁面附近形成降落膜。

（3）搅混流。

当直管管径较大时,管内液体做上下振荡运动,呈搅混状态。当弹状流中的气(汽)相含量(流量)进一步增加时,气(汽)泡将发生破裂,此时依旧伴随着这种振荡运动。但在管径较小的直管中不一定发生搅混流,两相流型很大可能从弹状流平滑地过渡到环状流。

（4）丝(细)束环状流。

随着气(汽)相含量的进一步增大,液相逐渐被排挤到壁面附近形成液膜,气(汽)相占据流道核心位置形成连续气(汽)芯,并且在气(汽)芯中夹带离散液滴形成细长条状纤维。

（5）环状流。

环状流类似于丝（细）束环状流。在该流型中，管壁上附着一层连续液膜，气（汽）相占据流道核心区域，并且在连续气（汽）芯中夹带部分离散液滴，在连续液膜内也夹带少量离散气（汽）泡。

（6）雾状流。

图1.3 过冷水在均匀加热的竖直向上直管内流动的流型

在竖直向上流动的加热管道中会出现该流型，通常与具有同一流动条件下的绝热通道内的流型基本相同，但由于不同加热状态下两相流体间的热力平衡与流体动力平衡和绝热状态下不尽相同，二者的流型存在一定差别。过冷水在均匀加热的竖直向上直管内流动的流型如图1.3所示。过冷水在加热管道内经历泡状流、弹状流、环状流等流型后，由于环状流域连续液膜在液滴夹带、沉积、自身蒸发等多重作用下逐渐变薄，最终被撕裂，液膜消失。液相仅以连续气（汽）相中夹带的离散液滴的形式存在，而气（汽）相则以核心连续气（汽）芯的形式存在，这种流动形式被称为雾状流。

目前应用最为广泛的确定两相流型的方法是流型图（Flow Pattern Map）。将流型实验或流型计算所取得的流型转变为与各种参数的坐标关系，再将各个两相流型按所取坐标参数进行区分并标注在图上，基于此得到的坐标图即为流型图。国内外学者对此进行了大量的研究工作，提出了非常多的适用于不同场合的流型图，这些流型图选择的坐标参数存在区别。

图1.4为Hewitt提出的适用于竖直向上流动的直管内两相流型图，在两相流型的确定过程中得到较为广泛的应用。图1.4的适用范围为：空气－水两相流和汽－水两相流。得到此图的实验工况为：内径为31.2 mm的直管，压力为0.14～0.54 MPa的空气－水混合物。经验证，图1.4的判断结果和采用3.45～6.9 MPa的汽－水混合物在管径为12.7 mm直管中的实验结果具有很好的一致

性,表明该图也可用于上述运行范围内汽－水混合物流型的确定。

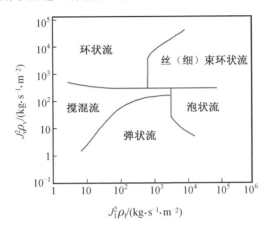

图 1.4　竖直向上流动的直管内两相流型图

1.2.2　竖直向下流动直管内气液两相流型

图 1.5 所示为空气－水混合物在直管内竖直向下流动过程中的典型两相流型,其中竖直向下流动时的泡状流和竖直向上流动时的泡状流不一样。前者的气泡聚集在直管核心区域,而后者中的气泡则分布在整个直管内。

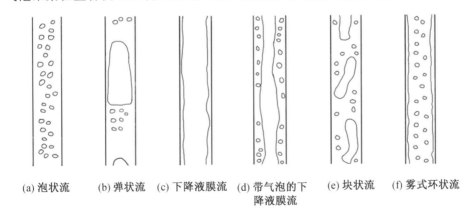

(a) 泡状流　(b) 弹状流　(c) 下降液膜流　(d) 带气泡的下降液膜流　(e) 块状流　(f) 雾式环状流

图 1.5　竖直向下流动的直管内典型两相流型

随着气相含量(流量)的增大,气泡将聚集成气弹,即流型转变为弹状流。但该弹状流相较于竖直向上流动时的弹状流要更稳定。

随着气相含量(流量)的持续增大,流型由弹状流可能发展成多种流型:①两相流体流量均较小时,壁面处存在一层沿管壁向下流动的液膜,直管核心区域则为气相,此时称之为下降液膜流;② 当液相流量增大时,气相进入液膜以气泡的形式存在,称之为带气泡的下降液膜流;③ 当气液两相流体流量均增大时出现的流型称之为块状流;④ 当气相流量较高时则会发展为直管核心区域连续气相夹带离散液滴的雾状流动、管壁上附着一层连续液膜的形式,该流型称之为雾式环状流。

竖直向下流动过程中气液两相流型可通过图 1.6 所示的流型图确定。该图基于空气和多种液体混合物实验得到。其中,直管管径为 25.4 mm,实验压力为 0.17 MPa。

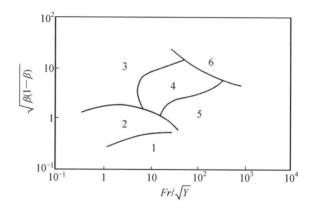

图 1.6　竖直向下流动过程的流型图

1— 泡状流;2— 弹状流;3— 下降液膜流;4— 带气泡的下降液膜流;

5— 块状流;6— 雾式环状流

图 1.6 中,Fr 数通过下式计算:

$$Fr = \frac{(J_v + J_1)^2}{gD} \tag{1.41}$$

式中　　g——重力加速度,m/s^2;

　　　　D——直管内径,m。

液相物性系数 Y 按下式计算:

$$Y = \frac{\mu_1}{\mu_w} \left[\frac{\rho_1}{\rho_w} \left(\frac{\sigma}{\sigma_w} \right)^3 \right]^{-1/4}$$

式中　　μ_1——液相动力黏度,Pa·s;

μ_w——20 ℃ 及 0.1 MPa 时水的动力黏度，Pa·s；

ρ_l——液相密度，kg/m³；

ρ_w——20 ℃ 及 0.1 MPa 时水的密度，kg/m³；

σ——液相表面张力，N/m；

σ_w——20 ℃ 及 0.1 MPa 时水的表面张力，N/m。

1.2.3　水平流动直管内气（汽）液两相流型

由于气（汽）液两相流体密度差较大，因此当其在水平直管内流动时，重力对于两相流体的作用尤为显著，导致气（汽）液两相流体存在分层流动的倾向，相应的流型种类多于竖直流动过程中的流型种类。

绝热水平流动管内气液两相流主要流型如图 1.7 所示。

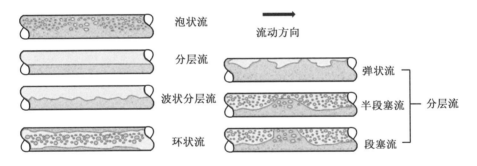

图 1.7　绝热水平流动管内气液两相流主要流型

在泡状流中，由于气相密度远低于液相密度，因此在重力的作用下，气泡多位于水平管上部。随着气相含量（流量）的增加，气泡逐渐合并，形成气塞，流型相应地转变为塞状流（半段塞流和段塞流）。当气液两相流的流量均较小时，两相流体将在水平管内分层流动，在气液两相流间存在平滑的分界面，此时的流型为分层流。在此基础上随着气相含量（流量）的增加，两相分界面上将产生流动波，流型由分层流转变为波状分层流。随着气相含量（流量）的进一步增大，将会形成弹状流，并且气弹位于水平管上部空间。环状流出现在气相流量很高而液相流量较低的流动情形中。

图 1.8 所示为加热水平流动管内汽液两相流型。可以发现，加热水平流动管内汽液两相流型与绝热水平流动管内气液两相流型存在一定的区别。由于管内

流体吸收热量而发生流动沸腾现象,因此沿着流动方向蒸汽含量(流量)逐渐增大,经历了图 1.8 所示的几种流型。

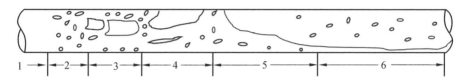

图 1.8　加热水平流动管内汽液两相流型

1— 单相流;2— 泡状流;3— 塞状流;4— 弹状流;5— 波状分层流;6— 环状流

　　加热水平流动管内汽液两相流型中需要注意的是波状分层流区。在该流型区域内,水平管上部管壁时而与蒸汽接触,时而与液膜接触。由于蒸汽传热性能较差,因此管壁与蒸汽接触时导致管壁温度突然升高,而液膜与管壁的接触又会导致管壁被冷却、管壁温度下降。显然,管壁温度的这种周期性变化对于金属材料强度而言是不利的,应尽量避免。相应的,在环状流区,水平管上部管壁和蒸汽直接接触也是不利的。当流体进口流速较高时,可以改善由于水平流动导致的管内流型分布不对称性。进口流速越高,汽液两相流在水平管中的分布就越对称,流型也越趋近于竖直管内的两相流型。

　　水平直管中的气(汽)液两相流型也可按照相应的流型图确定。 贝克(Baker)流型图建立得最早且得到广泛的应用,尤其在石油工业和冷凝工程设计中应用更为广泛。图 1.9 为坐标经过改进后的 Baker 流型图。图 1.9 中的横坐标为 $J_1\psi$,纵坐标为 $J_v\psi$。其中 J_v 及 J_1 分别为气(汽)相与液相的表观速度,修正系数 λ 和 ψ 通过下式计算:

$$\lambda = \left(\frac{\rho_v}{\rho_A}\frac{\rho_1}{\rho_w}\right)^{1/2} \tag{1.42}$$

$$\psi = \left[\frac{\sigma_w}{\sigma_1}\frac{\mu_1}{\mu_w}\left(\frac{\rho_w}{\rho_1}\right)^2\right]^{1/3} \tag{1.43}$$

式中　　ρ_w——20 ℃ 及 0.1 MPa 时水的密度,kg/m³;

　　　　ρ_A——20 ℃ 及 0.1 MPa 时空气的密度,kg/m³;

　　　　σ_w——20 ℃ 及 0.1 MPa 时水的表面张力,N/m;

　　　　μ_w——20 ℃ 及 0.1 MPa 时水的动力黏度,Pa·s。

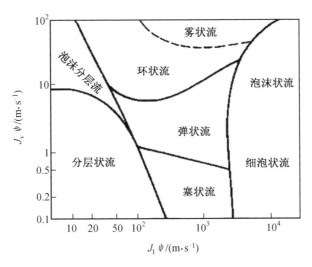

图 1.9　坐标经过改进后的 Baker 流型图

以上修正系数 λ 和 ψ,在一个大气压、20 ℃、以空气－水作为工质时值为 1。汽－水混合物的修正系数可根据饱和压力由图 1.10 查得。

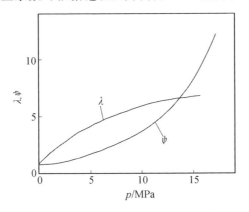

图 1.10　汽－水混合物的修正系数

另外一个应用广泛的水平流动直管内气(汽)液两相流型图,由曼德汉(Mandhane)基于近 6 000 组实验值提出,如图 1.11 所示。图中,纵坐标 J_v 和横坐标 J_l 分别为通过管内压力和温度计算得到的气相折算速度和液相折算速度,该流型图适用于表 1.1 所示的参数范围。

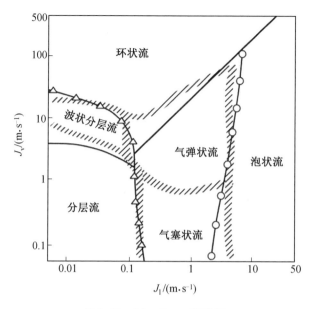

图 1.11　Mandhane 流型图

表 1.1　曼德汉流型图适用参数范围

名称	数值	单位
管子内径	$12.7 \sim 165.1$	mm
液相密度	$705 \sim 1\,009$	kg/m³
气相密度	$0.8 \sim 50.5$	kg/m³
气相动力黏度	$10^{-5} \sim 2.2 \times 10^{-5}$	Pa·s
液相动力黏度	$3 \times 10^{-4} \sim 9 \times 10^{-2}$	Pa·s
表面张力	$0.024 \sim 0.103$	N/m
气相折算速度	$0.04 \sim 171$	m/s
液相折算速度	$0.09 \sim 731$	cm/s

1.3　倾斜管和螺旋管内气(汽)液两相流型

1.3.1　倾斜管内气(汽)液两相流型

已有流型研究主要针对竖直或水平流动,考虑流道倾斜的相关流型研究极少。但是,在工程实际中倾斜流道又极其常见。例如,动力系统中的各种连接管道、锅炉中布置的各种倾斜管,以及船舶在运行过程中受海浪作用发生摇摆时导致的流道倾斜等,迄今为止相关公开资料极其有限。

巴尼亚(Barnea)通过实验研究了在 $-10°$ 与 $+10°$("$-$"表示向下倾斜,"$+$"表示向上倾斜)倾角下倾斜管内的气液两相流型。实验运行状态:常压;空气 $-$ 水混合物;倾斜管内径为 19.5 mm 和 25.5 mm。相应流型结果如图 1.12 所示。

图 1.12(b) 中还给出了 Mandhane 流型图中的流型转换界限(有剖面线的界线),用于进行对比验证。

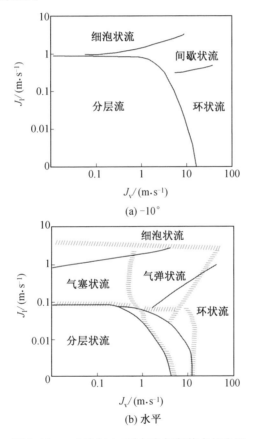

图 1.12　$-10°$ 与 $+10°$ 倾角倾斜管中的流型

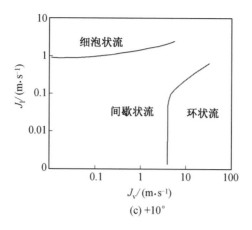

(c) +10°

续图 1.12

图 1.13 为古尔德(Gould)提出的空气－水混合物在＋45°向上流动倾斜管中的流型图。图中横坐标为无因次气相速度值 N_v,纵坐标为无因次液相速度值 N_l。N_v 及 N_l 计算如下:

$$N_v = J_v \left(\frac{\rho_l}{g\sigma}\right)^{1/4} \tag{1.44}$$

$$N_l = J_l \left(\frac{\rho_l}{g\sigma}\right)^{1/4} \tag{1.45}$$

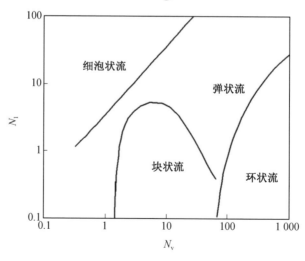

图 1.13　向上流动倾斜管中的流型图(倾角为 45°、管径为 25 mm)

从图 1.12 和图 1.13 可以看出,倾斜管倾角对流型影响较为显著。图 1.12 中,当表观速度 J_v 和 J_l 相同时,倾斜管内流体向下流动时流型多为分层流,而当倾斜管内流体向上流动时则转变为间歇流。

根据不同倾斜角下的流型研究结果得到了分层流和间歇流的转换界限。倾角对分层流和间歇流转换界限的影响如图 1.14 所示。其中,界限以上的区域为间歇流,界限以下的区域则为分层流(曲线上部即为界限以上,下部即为界限以下)。从图中可以看出,当倾角为 $+0.25°$ 时,间歇流区大大增加,说明倾角对于分层流和间歇流的转换界限影响比较显著。图 1.15 给出了倾角对间歇流、细泡状流与环状流之间转换界限的影响。从图中可以看出,倾角对间歇流与细泡状流、间歇流与环状流之间转换界限的影响较小。

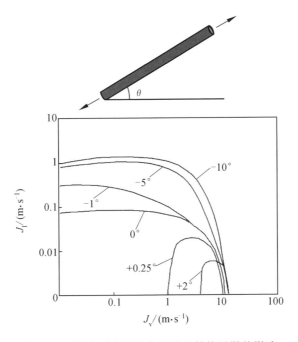

图 1.14 倾角对分层流和间歇流转换界限的影响

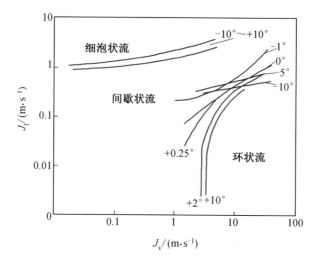

图 1.15　倾角对间歇流、细泡状流与环状流之间转换界限的影响

1.3.2　螺旋管内气(汽)液两相流型

螺旋管的优点是在有限空间内增大传热面积,并且其内部流体在离心力和重力的作用下产生二次流,起强化传热作用,广泛应用于核电蒸汽发生器以及其他相变换热器中。但是关于螺旋管内的气(汽)液两相流流型研究较少。该方面的主要研究成果为西安交通大学曾进行的以空气－水混合物为工质的螺旋管内气液两相流型及其转换界限研究,并据此建立了螺旋管内两相流型图。

实验运行状态:内径为 22 mm,材质为有机玻璃,螺旋管圈数为 2 ~ 6 圈,螺旋上升角为 1.2°~12°,螺旋直径为 129 ~ 910 mm。该针对 6 根螺旋管的流型实验研究中,管内水折算速度 $J_1 = 0.04 \sim 2.7$ m/s,空气折算速度 $J_v = 0.2 \sim 18$ m/s。

实验结果表明:在当前实验运行范围内,螺旋管中的两相流型与水平管中的流型相近,主要分为波状分层流、塞状流、弹状流、环状流和分散细泡状流 5 种。

通过对实验数据进行处理与分析得出了当前实验范围内的两相流型图。图 1.16 给出了螺旋上升角为 5°、螺旋直径为 910 mm 时的两相流型图。

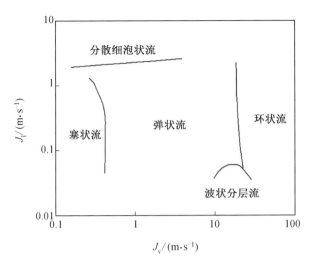

图 1.16　螺旋上升角为 5°、螺旋直径为 910 mm 时的两相流型图

从螺旋管内流型结果可发现,螺旋上升角对环状流和分散细泡状流间的转换界限影响较小,但对波状分层流型影响较大。随着螺旋上升角的增大,波状分层流所在区域逐渐缩小。当上升角达到 12° 时,实验范围内已不再出现波状分层流。此外,螺旋上升角对塞状流和弹状流间的转换界限有一定影响;螺旋直径对流型转换界限也有影响,随着螺旋直径的减小,弹状流和环状流、塞状流和弹状流间的转换界限均向气相折算速度减小的方向移动。在螺旋上升角为 5°、螺旋直径为 129 mm 时的实验结果中不再出现塞状流。

1.4　直管管束间气(汽)液两相流型

1.4.1　纵向冲刷直管管束时的气(汽)液两相流型

气(汽)液两相流体纵向冲刷直管管束常见于沸水堆、压水堆等核反应堆燃料元件间或者核动力蒸汽发生器二次侧流域中。对于纵向冲刷直管管束的两相流型研究相对较少,其原因是纵向冲刷直管管束的管节距通常比较小,管间两相流动与传热现象较难捕捉和测量。

Bergles 流型实验采用 2×2 棒束模拟水冷堆燃料组件,在棒束间不同位置布置了 3 个测点以测量流型的变化。实验棒束的尺寸及测点布置如图 1.17 所示。

实验状态：加热段长 61 cm，非加热段长 46 cm，探针位于加热段末端上游约 12.5 mm 处，棒束间流体为蒸汽—水混合物，压力为 6.9 MPa。进行了棒束加热和不加热两种工况下的流型实验研究，图 1.18 和图 1.19 均为不加热棒束间的流型及流型转换界限图。图中，B 代表细泡状流；B—S 代表细泡—汽弹状流；S 代表汽弹状流；S—A 代表汽弹—环状流；A—W 代表环状—波状流；A 代表环状流。

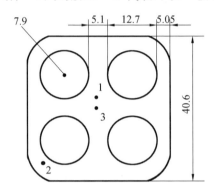

图 1.17　实验棒束的尺寸及测点布置（单位：mm）

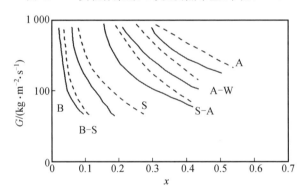

图 1.18　不加热棒束间的流型及流型转换界限

（虚线表示探针 1 测得的流型转换界限；实线表示探针 3 测得的流型转换界限）

从图 1.18 中可看出，两相流体在管束间流动时，管束间不同位置处流型区别较大。与探针 1 测得的棒束间流型相比，探针 3 测得的棒束中心上的两相流型在发生流型转换时的干度相对较低。这一结果表明棒束间隙中液相含量要多于轴心处液相含量。

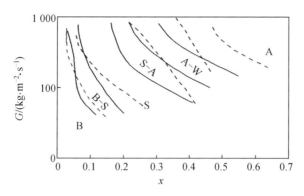

图 1.19　不加热棒束内不同位置处的流型及流型转换界限

（虚线表示探针 2 测得的流型转换界限；实线表示探针 3 测得的流型转换界限）

图 1.19 给出了棒束内不同位置处的流型转换界限。对比内部通道（探针 3 所在区域）和角通道（探针 2 所在区域）的结果可发现，角通道处流型转换时的干度高于内部通道流型转换时的干度。该结果表明角通道中的液相含量多于内部通道中的液相含量。同时结合图 1.18 和图 1.19 可发现，在棒束横截面上会同时形成不同的流型。

尽管关于加热棒束中两相流型转换的实测数据很少，但现有研究工作表明加热棒束间也存在上述不加热棒束间的现象。

1.4.2　横向冲刷水平管束时的气(汽)液两相流型

两相流体横向冲刷管束的情形常见于工业中各种蒸发器或冷凝器。当两相流体沿水平方向横向冲刷水平布置的叉列管束时，其流型主要有 4 种：细泡状流、分层流、分层雾状流和雾状流，如图 1.20 所示。

其中，细泡状流通常发生于截面含汽率小于 0.75 且流速较高的情形。此时气(汽)体以细泡形式相对均匀地散布在液相中，和液相一起参与流动。而分层流则发生于低流速的情形，此时气(汽)液两相以完全分开的形式流动，液体在管束间下部流动，气(汽)体在管束间上部流动。

分层雾状流和分层流相类似，二者的区别是分层雾状流中有一部分液体以液滴形式散布在气(汽)体中一起参与流动。雾状流发生于气(汽)相流速较高的情形，该流型中除一小部分液体以液滴形式碰撞管壁、对管壁润湿和冷却外，大部分液体都以液滴方式被携带在核心气(汽)流中一起参与流动。相关流型图如图 1.21 所示。

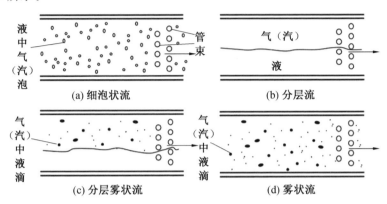

图 1.20　两相流沿水平方向横向冲刷水平管束的流型

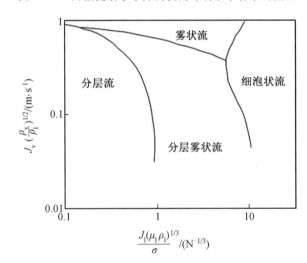

图 1.21　气(汽)液两相流沿水平方向冲刷水平管束时的流型图

气(汽)液两相流沿垂直方向横向冲刷水平管束时,流型主要有:细泡状流、气弹状流、壁上有液膜的雾状流,如图 1.22 所示。

图 1.23 给出了空气－水混合物沿垂直方向横向冲刷水平管束时的流型图(运行压力接近大气压)。

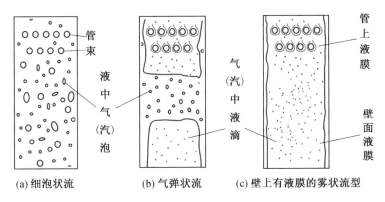

图 1.22 气(汽)液两相流沿垂直方向横向冲刷水平管束时的流型

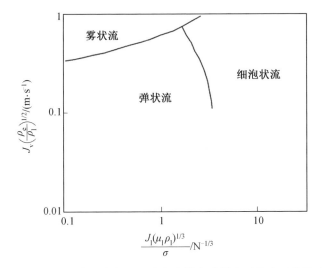

图 1.23 空气－水混合物沿垂直方向横向冲刷水平管束时的流型图

本章参考文献

[1] 鲁钟琪. 两相流与沸腾传热[M]. 北京：清华大学出版社，2002.

[2] 俞冀阳,贾宝山. 反应堆热工水力学[M]. 北京：清华大学出版社，2003.

[3] 林宗虎. 气液两相流和沸腾传热[M]. 西安:西安交通大学出版社，1987.

[4] YADIGAROGLU G，HEWITT G F. Introduction to multiphase flow:

basic concepts, applications and modelling[M]. Cham:Springer, 2018.

[5] HEWITT G F, ROBERTS D N. Studies of two-phase flow patterns by simultaneous X-ray and flash photography[R]. United Kingdom:Atomic Energy Research Establishment, 1969.

[6] OSHINOWO T, CHARLES M E. Vertical two-phase flow-pattern correlation [J]. Journal of Chemical Engineering, 1974,52:25-35.

[7] BELL K J, TABOREK J, FENOGLIO F. Interpretation of horizontal in-tube condensation heat transfer correlations using a two-phase flow regime map[J]. Chemical Engineering Progress, 1970, 66(102):150-163.

[8] MANDHANE J M, GREGORY G A. A flow pattern map for gas-liquid flow in horizontal pipe[J]. International Journal of Multiphase Flow, 1974, 3:537-553.

[9] BARNEA D, SHOHAM O, TAITEL Y. Flow pattern transition for gas-liquid flow in horizontal and inclined pipes[J]. International Journal of Multiphase Flow, 1980, 6:217-225.

[10] GOULD T L. Thesis[D]. Michigan:University of Michigan,1972.

[11] 张鸣远,陈学俊. 螺旋管内气-水两相流流型转换的研究[J]. 核科学与工程, 1983, 3(4):298-304.

[12] BERGLES A E. Two-phase flow and heat transfer in rod bundles[M]. Los Angeles:ASME, 1969.

[13] GRANT I D R, CHISHOLM D. Two-phase flow on the shell-side of a segmentally baffled shell-and-tube heat exchanger[J]. Trans. ASME, 1979, 101:38-42.

[14] QIAN H,HRNJAK P. Characterization of R134a two-phase flow regimes in horizontal and vertical smooth tubes with capacitive sensors[J]. International Journal of Refrigeration,2021,125(1):90-103.

[15] EVERTS M,MEYER J P. Flow regime maps for smooth horizontal tubes at a constant heat flux[J]. International Journal of Heat and Mass

Transfer,2018,117(C):1274-1290.

[16] CAI B,XIA G D,CHENG L X,et al. Experimental investigation on spatial phase distributions for various flow patterns and frictional pressure drop characteristics of gas liquid two-phase flow in a horizontal helically coiled rectangular tube[J]. Experimental Thermal and Fluid Science,2023, 142:110806.

[17] LIU L,ZHANG J R,HU B,et al. Flow pattern transition and void fraction prediction of gas-liquid flow in helically coiled tubes[J]. Chemical Engineering Science,2022,258:117751.

[18] ARAI T,UI A,FURUYA M,et al. Effect of nonheated rod arrangements on void fraction distribution in a rod bundle in high-pressure boiling flow [J]. Nuclear Engineering and Design,2023,402:112101.

第 2 章

流动沸腾在核动力系统中的应用

本章首先对核动力系统进行简单介绍,阐述其中涉及的汽液两相流动沸腾现象以及该现象在核动力系统中的重要性。考虑到核动力直流蒸汽发生器在体积和经济性上的优势,进一步分析其内的流动沸腾现象。通过直流蒸汽发生器中的流动沸腾引出汽液两相流动与传热中的热力平衡与热力非平衡现象以及流动沸腾危机,进一步针对流动沸腾危机(分别是偏离核态沸腾和蒸干传热恶化)发生的机理以及蒸干发生后的流动与传热进行理论分析。

2.1　核动力系统简介

当今社会的发展日新月异,但是经济飞速发展的同时也带来诸多问题。其中,对人类社会的影响主要有自然资源短缺、日趋增长的温室气体排放量和环境污染等。在这种背景下寻找清洁能源势在必行。核能作为清洁能源的代表受到了广泛关注,现在核能已经逐渐被应用于军事、发电等领域。我国发布的《中华人民共和国国民经济和社会发展第十四个五年规划和 2035 年远景目标纲要》明确指出“安全稳妥推动沿海核电建设,建设一批多能互补的清洁能源基地”“建成华龙一号、国和一号、高温气冷堆示范工程,积极有序推进沿海三代核电建设”,这对核电、核动力系统的安全高效运行和长期发展提出了更高的要求。

在核动力系统中,很多情况下都会出现两相流工况,例如沸水堆堆芯内的冷却剂处于沸腾两相流工况,压水堆蒸汽发生器二次侧也处于沸腾两相流工况。在发生大破口失水事故的情况下,更是有大量的冷却剂通过破口喷入安全壳内,形成水、水蒸气和干空气混合的多组分两相流。在核能系统中,出现得比较多的是单组分汽液两相流。应该指出的是,单组分汽液两相流由于两相之间存在质量交换,因此计算起来往往比多组分汽液两相流要复杂。

两相流明显地改变了冷却剂的传热能力和流动特性,在冷却剂兼作为慢化剂的轻水堆中,伴随着相变所产生的汽泡,还会减弱慢化剂的慢化能力。因此,有关两相流动与传热的研究对用水作为冷却剂的核能系统的设计和运行非常重要。掌握两相流动与传热的变化规律,以保证核动力系统具有良好的热工和流体动力学特性,从而可减轻或避免两相流动中沸腾危机的发生。

压水堆核动力系统中的蒸汽发生器连接着核岛与常规岛。带有放射性质的一次侧高温高压冷却剂通过蒸汽发生器将其所携带的热量传递给二次侧无放射性的工质,工质吸热蒸发,进而进入汽轮机实现做功。由此可见,蒸汽发生器是连接一、二回路的枢纽设备。但是由于蒸汽发生器传热管表面易发生杂质沉积和浓缩,同时传热管束面积占据了一次侧总承压面积的80%,因此属于压水堆核动力系统中易发生腐蚀破损、爆管、泄漏等事故的设备。据统计,压水堆核动力系统各组件事故发生率中,由蒸汽发生器传热管老化失效、泄漏等引起的停堆事故位居前列。

　　早期压水堆核动力系统中应用较为成熟的是U形管自然循环蒸汽发生器,该蒸汽发生器二次侧流体的流动依靠汽液两相流的密度差,不需要依靠外力,并且二次侧流体在内部循环过程中可以进行处理和排污,在一定程度上能够降低对水质和传热管材料的要求。但是该蒸汽发生器上部需布置汽水分离器、汽轮机气缸间需布置再热器或分离器,造成U形管自然循环蒸汽发生器体积庞大、核动力系统结构复杂。核动力技术的进一步发展要求简化蒸汽发生器结构、提高核动力系统热效率。因此,发展新型蒸汽发生器势在必行。

2.2　直流蒸汽发生器中的流动沸腾

　　直流蒸汽发生器(Once-through Steam Generator, OTSG)传热管束产生的是过热蒸汽,传热管布置非常紧凑,能够进行模块化制造并提高系统热效率,具有相对小的体积和良好的经济性,近年来受到国际上的高度关注。

　　作为压水堆的关键设备之一,直流蒸汽发生器二次侧工质在传热管束间经历单相液对流区、核态沸腾区、液膜强制对流蒸发区、缺液区和单相汽对流区等一系列复杂的汽液两相流动与传热过程。在该过程中必然发生沸腾危机 —— 蒸干传热恶化现象。蒸干传热恶化现象对于换热器设计和运行是一个重要的限制。

　　蒸干发生后传热管壁面直接与蒸汽接触,由于加热壁面不再被液体润湿(没有液体与壁面接触),并且蒸汽相对液相的传热性能较差,因此它的发生伴随着表面传热系数的大幅度降低和壁面温度（可简称为壁温）的跳跃性升高。虽然蒸干的发生未必导致传热管束烧毁或爆管等事故，但是会引起传热性能大幅度降低，传热管束壁温轴向变化率突然增大，蒸干位置附近出现高应力区（即应力集中）。传热管束长期在这种环境下工作时，首先会出现微裂纹，裂纹尖端位置的高度应力集中促使裂纹逐渐扩展，传热管变薄，最终在偶然的超载瞬间出现疲劳破坏（断裂），从而导致一、二次侧流体的混合，进而破坏反应堆的工作状态。缺液区（蒸干及蒸干后区域）的特点是液滴以离散相的形式存在于连续蒸汽相中，主要的传热形式是蒸汽与壁面间的对流传热，同时蒸汽中夹带的饱和液滴也有机会参与流动传热，这使得缺液区传热出现一定程度的偏离热力平衡。缺液区中壁温也是一个重要的参数。蒸干传热恶化现象的发生、缺液区的偏离热力平衡均促使壁温以较大轴向变化率发生非线性变化。在核反应堆、蒸汽发生器和其他换热设备设计和运行过程中确定壁温的轴向变化率十分重要。如果不对其进行有效的控制，较大的壁温轴向变化率将引发疲劳破坏、应力腐蚀和老化失效等问题，直接影响换热设备的安全和稳定运行。因此必须对蒸干传热恶化现象及蒸干后传热特性进行准确预测以实现有效的控制，避免壁温突然升高引起的传热管应力腐蚀、老化失效以及可能引发的安全事故，这也是进行直流蒸汽发生器蒸干及蒸干后传热特性研究的意义所在。

2.3 汽液两相流动与传热中的热力平衡与热力非平衡

蒸干传热恶化发生处环状液膜被撕裂，形成的液滴发生溅射，因此液滴同时具有轴向流速和径向扰动，并且传热方式发生显著变化。除了质量流量、运行压力等对蒸干及蒸干后传热规律产生显著影响外，蒸干发生处液滴的参数如液滴直径、液滴扰动等也是影响蒸干及蒸干后传热规律不可忽略的因素。根据缺液区壁面温度的非线性变化特点，将缺液区分成蒸干后发展中区和蒸干后充分发展区。蒸干后发展中区壁面温度迅速上升，而蒸干后充分发展区则不受上游蒸干的影响，仅与局部流动状态有关。缺液区划分如图2.1所示，图中给出了缺液区壁面温度和表面传热系数的分布规律，其中LUT代表蒸干及蒸干后的数据查阅表。可以发现,在缺液区主要传热方式为蒸汽与壁面间的对流传热。蒸汽从壁面吸收热量中的一部分被夹带在蒸汽中的液滴吸收而使液滴汽化,因此蒸干后充分发展区尽管仍存在饱和液滴,质量含汽率仍未达到1,但是蒸汽已经开始吸收热量并处于过热状态,这一现象称为偏离热力平衡。该现象的发生导致缺液区整体壁面温度较高。缺液区的传热随传热管高度的变化特性和随传热管壁面温度的变化规律存在完全热力平衡和完全偏离热力平衡两种极限(两种极限下的壁面温度和蒸汽温度随传热管高度的变化情况可参见图 2.2 所示的蒸干后偏离热力平衡示意图)。

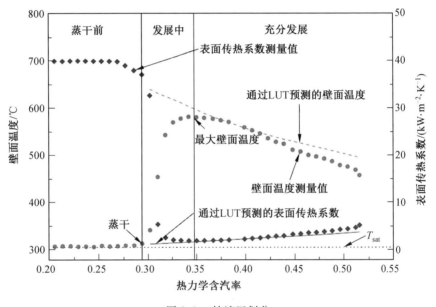

图 2.1　缺液区划分

(1) 完全热力平衡。

在缺液区,当连续蒸汽向夹带在连续蒸汽中的液滴传热非常迅速并且充分时,连续蒸汽从传热管壁面处吸收的热量以非常快的速度全部传递给夹带在其中的液滴。此时连续蒸汽和离散液滴温度均保持在相应压力下的饱和温度,一次侧高温高压冷却剂通过传热管壁传递到二次侧的热量全部用来使连续蒸汽中夹带的饱和液滴汽化,直到所有液滴完全汽化,传热进入单相汽对流区,蒸汽才开始吸收热量进入过热状态。即传热始终处于和蒸干前饱和流动沸腾区一样的

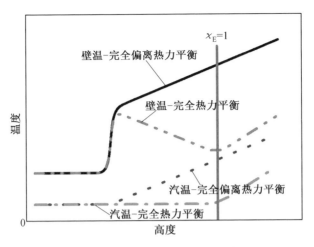

图 2.2　蒸干后偏离热力平衡示意图

热力平衡状态,该状态被称为完全热力平衡状态。在这种情况下,蒸干传热恶化现象的发生致使传热管壁面温度以非常大的轴向变化率上升到一个最大值,之后在液滴的冷却作用下,缺液区壁面温度从最大值开始下降,这有利于直流蒸汽发生器的安全可靠运行。

（2）完全偏离热力平衡。

在缺液区,当连续蒸汽向夹带在连续蒸汽中的液滴传热非常缓慢时,认为这部分热量可以忽略不计。这意味着连续蒸汽从传热管壁面处吸收的热量全部被蒸汽吸收。此时连续蒸汽吸热提前处于过热状态,而液滴仍保持在饱和状态,其温度保持在相应压力下的饱和温度。一次侧高温高压冷却剂通过传热管壁传递到二次侧的热量全部用来使蒸汽过热,因此饱和液滴的影响可以忽略。即传热完全偏离热力平衡,该状态被称为完全偏离热力平衡状态。在这种情形下,蒸干传热恶化使得传热管壁面温度以非常大的轴向变化率上升到一个较高值,并且在缺液区传热管壁面温度继续上升,很明显这不利于直流蒸汽发生器的安全可靠运行。由于液滴的影响可以忽略不计,传热管壁面温度的变化规律实际上与单相汽对流区类似,其值可以通过采用适用于单相汽传热的经验关联式和壁面的热流密度进行计算。

在实际情况中,蒸干后的偏离热力平衡程度受到多种因素的影响,并不会出现完全偏离热力平衡,这将会在第 5 章进行进一步探讨。之所以不会出现完全偏离热力平衡,是因为蒸干后雾状流区的离散液滴扩散在整个流道内,在近壁面附近的液滴会因吸收壁面传来的热量而汽化,且随着蒸汽的流动,液滴也会与壁面碰撞从而减小偏离热力平衡程度。

2.4 沸腾危机

沸腾危机通常分为两类:池沸腾危机和流动沸腾危机。池沸腾危机是指池式沸腾过程中热流密度升高到一定值以后,壁面附近产生的大量汽泡来不及扩散到主流中,加热壁面被一层汽膜所覆盖,汽膜时而破裂,时而覆盖传热表面,热流密度迅速下降,壁面温度迅速上升,发生沸腾传热恶化,如图2.3所示。流动沸腾过程中通常发生两种形式的传热恶化(流动沸腾危机)。第一类传热恶化发生于热流密度超过临界热流密度时,即核态沸腾向膜态沸腾转变时,壁面生成的汽泡来不及扩散到主流中,壁面被汽膜覆盖所造成的传热恶化、壁面温度跳跃性升高的现象,称为偏离核态沸腾(Departure from Nucleare Boiling,DNB)。在偏离核态沸腾发生后两相流型变为反环状流,不会历经环状流和雾状流,该现象发生时的质量含汽率通常较低,这种传热恶化类似于池式沸腾危机。当流动沸腾过程中热流密度较低和质量含汽率较高时将发生第二类传热恶化。第二类传热恶化现象即环状流型向雾状流型转变时的传热恶化,通常称为蒸干(Dryout,DO),蒸干发生的机理如图2.4所示。随着流动沸腾的进行,质量含汽率逐渐升高,当二次侧流型转变为环状流后,液体中的一部分以液膜形式沿壁面流动,另一部分以液滴形式夹带在汽相中;液膜与汽相之间因液滴夹带、液滴沉积和液膜蒸发进行着质量交换,液膜因夹带、沉积、蒸发的联合作用越来越薄。若液滴沉积的速率不能弥补液膜蒸发和汽相夹带引起的液膜质量的减小,则液膜发生局部断裂,随着断裂区逐渐扩大直至加热壁面上液膜消失,汽相将占据整个通道。

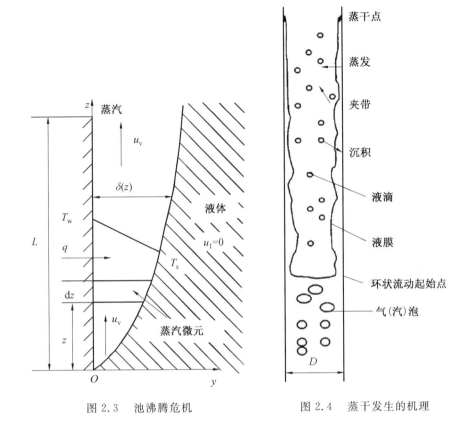

图 2.3　池沸腾危机　　　　　　　图 2.4　蒸干发生的机理

考虑到沸腾危机存在多种类型,这里有必要对直流蒸汽发生器结构和运行原理进行说明,以判断发生的是哪一类沸腾危机。图 2.5 和图 2.6 分别为直管式直流蒸汽发生器结构图和工作原理图。来自于反应堆的一次侧高温高压冷却剂从直流蒸汽发生器上部流入,经由传热管内部,自下部流出到达冷却剂循环泵。二次侧给水则从直流蒸汽发生器中部流入环形下降通道,吸收从二次侧中部抽出蒸汽的热量(即抽汽回热,这部分热量最终来源仍然是一次侧高温高压冷却剂携带的热量)后,流到下管板位置达到饱和状态;然后在管束外壳的折流作用下流动方向发生变化,在传热管束间自下管板向上管板流动,与一次侧冷却剂进行逆流传热,在此过程中逐渐被加热,经历了饱和流动沸腾的全过程;最终蒸汽达到过热状态,从二次侧出口流出,进入汽轮机实现做功。

在直流蒸汽发生器中二次侧工质由一次侧冷却剂通过传热管壁进行加热，该过程中热流密度不会太高；二次侧工质经历了饱和流动沸腾的全过程，部分传热区质量含汽率较高。二者均满足第二类传热恶化现象——蒸干的发生条件，同时实践表明，第一类传热恶化现象发生时的临界热流密度非常大，目前工程应用中只有很少的设备能够达到，例如核反应堆棒束。综上所述，直流蒸汽发生器内发生的传热恶化现象为蒸干。后面的论述主要针对蒸干展开。

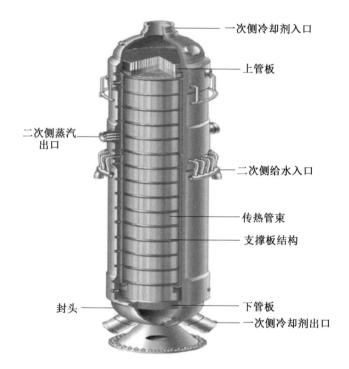

图 2.5　直管式直流蒸汽发生器结构图

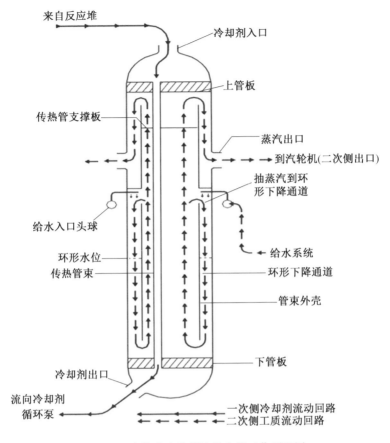

图 2.6　直管式直流蒸汽发生器工作原理图

2.5　偏离核态沸腾后的流动与传热

偏离核态沸腾(Departure from Nucleate Boiling,DNB) 一般分为过冷 DNB 和饱和 DNB。在较高的热流密度下,若质量流量也很大,则在 DNB 之前,仅发生过冷核态沸腾,这种工况下的 DNB 称为过冷 DNB;若质量流量较小,则在 DNB 之前可能发生饱和核态沸腾,这种工况下的 DNB 称为饱和 DNB。发生 DNB 的机理一般有 3 种,如图 2.7 所示。

图 2.7(a) 代表的偏离核态沸腾机理为局部 DNB。当局部热流密度过高时,

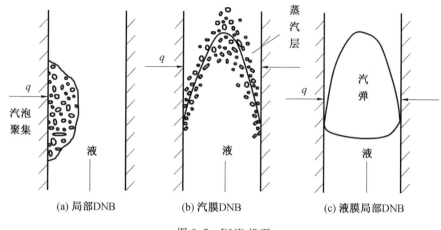

(a) 局部DNB　　　　　(b) 汽膜DNB　　　　　(c) 液膜局部DNB

图 2.7　DNB 机理

汽泡来不及脱离壁面,便在壁面上产生局部聚集现象,该处汽泡的脱离与生成失去平衡,形成局部蒸汽干斑,传热局部恶化。图 2.7(b) 代表的偏离核态沸腾机理为汽膜 DNB。当加热壁面形成汽泡边界层时,沸腾产生的蒸汽必须通过这个汽泡层。当边界层汽泡太拥挤时,沸腾产生的蒸汽无法穿过该汽泡层,所以蒸汽层将覆盖传热壁面,使得传热恶化,造成壁面温度飞升。图 2.7(c) 代表的偏离核态沸腾机理为液膜局部 DNB。在较低的质量流速下,一般会出现弹状流。若大汽弹周围的液膜被局部蒸干,引起壁面干涸和过热,则发生液膜局部 DNB。

　　上述 3 种 DNB 发生的特点是在壁面上形成了蒸汽膜,液体不能直接接触壁面,从而导致传热恶化,造成壁面温度急剧升高,而且对于 DNB 而言,壁面温度飞升的程度非常大,甚至可能使壁面烧毁。例如在压力为 10 MPa 时,水的过冷沸腾的临界热流密度(Critical Heat Flux,CHF)一般超过 3×10^6 W/m^2,而此时的表面传热系数仅为 $150 \sim 500$ W/(m$^2 \cdot$ K),在稳态条件下这将使得临界点的壁面温度达到 2 000 ℃,足以使得大多数金属表面烧毁。由于 DNB 的极限工况使得在稳态工况下以水为工质的一般电加热实验的实现比较困难,因此研究者们对 DNB 后的传热了解不多。

　　图 2.8 给出了强制对流垂直管内低含汽率和低质量流量下 DNB 后的流型。在 DNB 后出现了反环状流,具体表现为液体在中心、蒸汽膜覆盖在加热表面上,汽液界面既不光滑也不规则,汽膜内蒸汽流速较高,液体核心可以向上流动、停

滞或向下流动,汽泡可能出现在液核内,但影响很小。

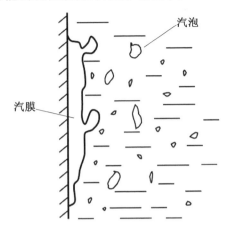

图 2.8　DNB 后的流型

膜态沸腾的理论分析类似于膜状凝结,对于水平与垂直平板受热面以及圆管内层流和湍流,有无界面切应力都可以分析求解。最简单的分析解是假定蒸汽膜为层流流动和膜内温度为线性分布。对于垂直加热平板,Collier 给出无界面切应力($\tau = 0$)时平均表面传热系数 $\overline{h}$ 的计算公式:

$$\overline{Nu} = \frac{\overline{h}L}{k_v} = 0.943 \, (Pr^* \cdot Gr^*)^{1/4} \tag{2.1}$$

$$Pr^* = \frac{\mu_1 h'_{lv}}{\lambda_v (T_w - T_s)} \tag{2.2}$$

$$h'_{lv} = h_{lv} + 0.5 c_{pv}(T_w - T_s) \tag{2.3}$$

$$Gr^* = \frac{L^3 g \rho_v (\rho_1 - \rho_v)}{\mu_v^2} \tag{2.4}$$

式中　$\overline{h}$ —— 平均表面传热系数,$W/(m^2 \cdot K)$;

　　　L —— 特征长度,m;

　　　λ_v —— 汽相导热系数,$W/(m \cdot K)$;

　　　μ_1 —— 液相动力黏度,$(N \cdot S)/m^2$;

　　　μ_v —— 汽相动力黏度,$(N \cdot S)/m^2$;

　　　h_{lv} —— 汽化潜热,J/kg;

c_{pv}——汽相比定压热容,J/(kg・K);

T_w——壁面温度;

g——重力加速度,m/s²。

对于零界面速度($u_1=0$)的边界条件,常系数 0.943 需改为 0.667。

对于垂直平板的汽膜湍流流动,Wallis 给出:

$$\overline{Nu} = \frac{\overline{h}L}{k_v} = 0.056\, Re_v^{0.2} (Pr \cdot Gr^*)^{1/3} \tag{2.5}$$

2.6 蒸干后的流动与传热

在低热流密度和高含汽率的环状流区,壁面上附着的液膜因液滴夹带和沉积、液膜蒸发或撕破等原因而消失,从而导致壁面发生蒸干传热恶化现象。蒸干发生时,由于蒸汽流速较高,其传热能力并不太低,因而壁面温度飞升程度低于偏离核态沸腾导致的壁面温度飞升。环状流蒸干机理通常有 4 种,如图 2.9 所示。

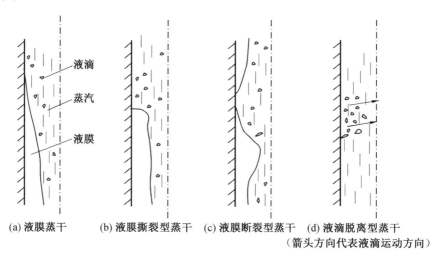

(a) 液膜蒸干　　(b) 液膜撕裂型蒸干　　(c) 液膜断裂型蒸干　　(d) 液滴脱离型蒸干
（箭头方向代表液滴运动方向）

图 2.9　环状流蒸干机理

图 2.9(a) 所示为液膜蒸干。液膜由于被卷席夹带、蒸发而变薄,当壁面上液膜完全消失时发生蒸干传热恶化现象。图 2.9(b) 所示为液膜撕裂型蒸干。由于

流动介质的动量作用,使液膜在蒸干前就被"撕破"成液滴进入主流,造成壁面蒸干。图 2.9(c)所示为液膜断裂型蒸干。在壁面某处,由于热流密度较大和介质动量的作用,使得附壁液膜在该处出现断裂,形成局部蒸干。图 2.9(d)所示为液滴脱离型蒸干。由于热流密度过大,导致液膜全部变成液滴而脱离壁面,但液滴又不能返回壁面,形成壁面蒸干。

蒸干后的传热关联式通常有如下 3 类:

(1)纯经验关系式。不涉及蒸干后的传热机理,只是通过实验数据纯经验地整理表面传热系数 h 与各种独立变量之间的关系式。并且经常假定液体与蒸汽处于热平衡态(即 $T_1 = T_v$),它们的温度都等于饱和温度 T_s(即 $T_1 = T_v = T_s$)。

(2)考虑蒸干后雾状流区存在偏离热力平衡现象(即 $T_1 \neq T_v$)的关系式。结合理论推导与实验数据,计算平均真实含汽率和蒸汽温度,基于单相传热经验关联式计算壁面温度。

(3)半理论模型。分析加热通道内发生的各种流体动力学特性和传热过程,并把它们与壁面温度联系起来。

2.6.1　纯经验关联式

假定液滴和蒸汽两相混合物是处于热力学平衡的均匀混合物,并且可以采用单相强制对流形式的准则关系式,则两相混合物的性质可采用两相物性的某种平均值。例如,1973 年 Groeneveld 提出一个新的适用于圆管和环形通道的最佳化经验关联式,该式与很多作者的实验数据相符合,表达如下:

$$Nu_v = \frac{hD_h}{\lambda_v} = a \left\{ Re_v \left[x + (1-x)\frac{\rho_v}{\rho_1} \right] \right\}^b Pr_{v,w}^c Y^d \qquad (2.6)$$

式中　　h —— 表面传热系数,W/(m^2 · K);

　　　　D_h —— 水力直径,m;

　　　　Re_v —— 汽相的雷诺数,$Re_v = \dfrac{GD_h}{\mu_v}$,其中 μ_v 为汽相动力黏度,(N · s)/m^2;

　　　　Y —— 中间变量,$Y = 1 - 0.1 \left(\dfrac{\rho_1}{\rho_v} - 1 \right)^{0.4} (1-x)^{0.4}$;

$Pr_{v,w}$—— 由壁面温度确定的汽相普朗特数。

系数 a 和指数 b、c、d 列于表 2.1 中。

表 2.1   经验关联式(2.6)中的系数和指数

几何结构	a	b	c	d	实验点数	均方根误差
圆管	1.09×10^{-3}	0.989	1.41	-1.15	438	11.5%
环形通道	5.2×10^{-2}	0.688	1.26	-1.06	266	6.9%
管和环	3.27×10^{-3}	0.901	1.32	-1.50	704	6.9%

该类经验关联式相当多,每个关联式仅基于有限的实验数据得出,只适用于它所实验验证的参数范围,详见参考文献[34]。

2.6.2   考虑蒸干后雾状流区存在偏离热力平衡现象 (即 $T_1 \neq T_v$) 的关系式

图 2.10 给出了均匀加热垂直圆管内蒸干后的区域偏离热力学平衡情况。蒸干点为 z_{DO},z_{DO} 之后是蒸干后雾状流区。假设汽液两相在蒸干点 z_{DO} 处于热力学平衡状态。若能保持热力平衡,则根据能量平衡,在 z_{EQ} 处全部液体汽化完毕。但实际上在蒸干点之后,只有所加热量的一部分(其份额为 ε)用于使液体汽化,而另一部分 $(1-\varepsilon)$ 则用来加热主流蒸汽,使蒸汽达到过热状态,蒸汽温度 $T_v(z)$ 高于饱和温度 T_s,一直到 z^* 处,液滴才真正被完全汽化。这样蒸汽和液体温度不同,即偏离了热力平衡。这种热力学不平衡的状态,对于蒸干后的对流传热过程具有重要影响。将热流密度 $q(z)$ 分成两个分量:$q_1(z)$ 用于使液滴汽化,$q_v(z)$ 用于使蒸汽过热,于是有

$$q(z) = q_1(z) + q_v(z) \tag{2.7}$$

而

$$\varepsilon = q_1(z)/q(z) \tag{2.8}$$

通常 ε 随管长 z 而变化,或者是真实含汽率 $x^*(z)$ 的函数。为了简化分析,假定 ε 不随 z 变化,这样真实平均蒸汽温度 $T_v(z)$ 和真实含汽率 $x^*(z)$ 便是 z 的线性函数(试验测得为平滑曲线,而非直线变化)。

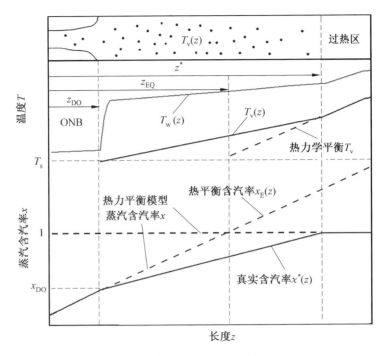

ONB— 过冷核态沸腾起始点

图 2.10 蒸干后偏离热力学平衡

热平衡含汽率 $x_E(z)$ 沿管长 z 的变化为

$$\begin{cases} x_E(z) - x_{DO} = \dfrac{4q}{GD_e h_{lv}}(z - z_{DO}), & z < z_{EQ} \\[2mm] x_E(z) - 1 = \dfrac{4q}{GD_e c_{pv}}(z - z_{EQ}), & z \geqslant z_{EQ} \end{cases} \tag{2.9}$$

式中 x_{DO}——蒸干点处的真实含汽率。

z_{EQ} 为 $x_E(z) = 1$ 时的管长,其表达式为

$$z_{EQ} = \frac{GD_e h_{lv}}{4q}(1 - x_{DO}) + z_{DO} \tag{2.10}$$

真实含汽率 $x^*(z)$ 沿管长 z 的变化为

$$\begin{cases} x^*(z) - x_{DO} = \dfrac{4q_1}{GD_e h_{lv}}(z - z_{DO}) = \dfrac{4q\,\varepsilon}{GD_e h_{lv}}(z - z_{DO}), & z < z^* \\[2mm] x^*(z) = 1, & z \geqslant z^* \end{cases} \tag{2.11}$$

这里 z^* 是 $x^*(z) = 1$ 时的管长,其表达式为

$$z^* = \frac{GD_e h_{lv}}{4q\varepsilon} = (1 - x_{DO}) + z_{DO} \tag{2.12}$$

由式(2.9)～(2.12)可得 ε 的表达式为

$$\varepsilon = \frac{x^*(z) - x_{DO}}{x_E(z) - x_{DO}} = \frac{z_{EQ} - z_{DO}}{z^* - z_{DO}} \tag{2.13}$$

真实平均蒸汽温度 $T_v(z)$ 为

$$T_v(z) = \begin{cases} T_s + \dfrac{4(1-\varepsilon)q(z-z_{DO})}{GD_e c_{pv}}, & z < z^* \\[3mm] T_s + \dfrac{4q(z-z_{EQ})}{GD_e c_{pv}}, & z \geqslant z^* \end{cases} \tag{2.14}$$

对于图 2.2 所示的两种界限情况，ε 分别等于 0(完全偏离热力平衡时)和 1(完全热力平衡时)。

当热平衡含汽率 x_E 超过 1 之后，偏离热力平衡现象逐渐消失；在高流量和低热流密度下，偏离热力平衡现象消失。该方法相对前面所讨论的经验关系式而言，有着重大的改进。

2.6.3　半理论模型

蒸干后传热的理论模型应该考虑热量从壁面到主蒸汽的各种传热途径，一般包括如下 6 种：

(1) 从壁面到撞击壁面的液滴的传热(湿撞击)。

(2) 从壁面到进入热边界层但未湿润壁面的液滴的传热(干撞击)。

(3) 从壁面到主流蒸汽的对流传热。

(4) 从主流蒸汽到悬浮于汽流中的液滴的对流传热。

(5) 从壁面到主流蒸汽的辐射传热。

(6) 从壁面到液滴的辐射传热。

通过上述分析可以看出，要建立全面考虑上述各种传热途径的蒸干后传热关联式相当困难。因此，在建立模型时，不得不做一些简化假设和忽略某些次要因素。下面将以一维两步传热模型为例进行说明。

假设在蒸干点处汽液两相处于热力平衡状态，即 $T_{v,DO} = T_{l,DO} = T_s$，因而该点的真实含汽率 x_{DO} 为已知的热平衡含汽率 $x_{E,DO}$。管道中的压降相对于工作压力可以忽略不计。蒸干后的壁面温度很高,使液滴不能接近壁表面(即不考虑传热途径(1)和(2)),并且忽略壁面对蒸汽和液滴的热辐射(即不考虑传热途径(5)和(6))。因此,上述 6 种传热途径只考虑其中的两种,即传热途径(3)和(4)。

若已知蒸干点的位置(或将其求出)和 $x_{DO}(=x_{E,DO})$,则要确定 x_{DO} 以后的真实含汽率 $x^*(z)$ 和蒸汽温度 $T_v(z)$,可通过联立求解汽液两相流动与传热过程中的微分方程组得到。

Bennett 用 Runga－Kutta 方法通过数值计算得到了 $x^*(z)$ 和 $T_v(z)$ 的数值,再采用单相过热蒸汽的表面传热系数经验关联式

$$Nu_{v,f} = 0.013\ 3 \left(\frac{GD_h}{\mu}\right)_{v,f}^{0.84} Pr_{v,f}^{0.33} \tag{2.15}$$

计算出表面传热系数 h,而后用牛顿冷却公式 $q = h(T_w - T_v)$ 计算壁面温度,其计算结果与试验对比如图 2.11 所示。

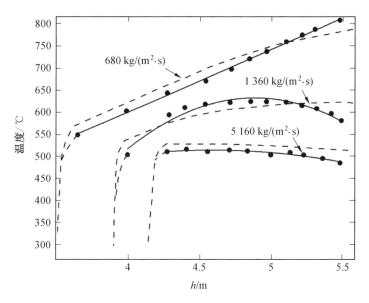

图 2.11　蒸干后雾状流区汽－水两相混合物传热的计算结果与试验对比

本章参考文献

[1] 俞冀阳，贾宝山. 反应堆热工水力学[M]. 北京：清华大学出版社，2003.

[2] 杨春，王灵梅，刘丽娟. 我国核电发展现状浅析[J]. 能源环境保护，2013 (1)：9-10.

[3] KAO T T，CHO S M，PAL D H. Thermal modeling of steam generator tubing under CHF-induced temperature oscillations[J]. International of Heat and Mass Transfer，1982，25(6)：781-790.

[4] GREEN S J，HETRONI G. PWR steam generators[J]. International Journal of Multiphase Flow，1995，21：1-97.

[5] 丁训慎. 核电站蒸汽发生器传热管二次侧晶间腐蚀和晶间应力腐蚀及防护 [J]. 腐蚀与防护，2002，23(10)：441-444.

[6] PAYAN R L A，GALLEGOS M A，PORRAS L G L，et al. Critical heat flux prediction for water boiling in vertical tubes of a steam generator[J]. International Journal of Thermal Sciences，2005，44：179-188.

[7] AUVINEN A，JOKINIEMI J K，LAHDE A. Steam generator tube rupture (SGTR) scenarios[J]. Nuclear Engineering and Design，2005，235：457-472.

[8] 臧希年. 核电厂系统及设备[M]. 北京：清华大学出版社，2010.

[9] 韩文静. 直管式直流蒸汽发生器流动传热特性数值模拟[D]. 哈尔滨：哈尔滨工程大学，2015.

[10] 景继强，栾洪卫. 世界核电发展历程与中国核电发展之路[J]. 东北电力技术，2008，29(2)：48-52.

[11] 唐琦琳. 管束外垂直上升汽液两相流沸腾传热特性的实验研究[D]. 上海：上海交通大学，2007.

[12] 赵桂生. 管束间狭窄通道单相及沸腾两相流动阻力特性实验研究[D]. 上海：上海交通大学，2008.

[13] 路广遥. 管束通道内单相及两相沸腾换热特性及流动特性的研究[D]. 上海：上海交通大学，2008.

[14] MORI S，FUKANO T. Influence of a flow obstacle on the occurrence of burnout in boiling two-phase upward flow within a vertical annular channel[J]. Nuclear Engineering and Design，2003，225(1)：49-63.

[15] LI R Z，JU H M. Structural design and two-phase flow stability test for the steam generator[J]. Nuclear Engineering and Design，2002，218(1)：179-187.

[16] 邵超峰，张裕芬，鞠美庭，等. 中国能源消费与大气环境响应关系及节能减排对策[J]. 资源科学，2008，30(12)：1796-1802.

[17] 薛汉俊. 核能动力装置[M]. 北京：原子能出版社，1990.

[18] SHI J，SUN B Z，YU X，et al. Modeling the full-range thermal-hydraulic characteristics and post-dryout deviation from thermodynamic equilibrium in once-through steam generators[J]. International Journal of Heat and Mass Transfer，2017，109：266-277.

[19] WEI H M，SU G H，TIAN W X，et al. Study on dryout point by wavelet and GNN[J]. Applied Thermal Engineering，2010，30(6)：664-672.

[20] BRACCO S，CRAVERO C. Dynamic simulation of a steam generator for ironing machines[J]. Energy Conversion and Management，2014，84：13-19.

[21] FERNG Y M，CHANG H J. CFD investigating the impacts of changing operating conditions on the thermal-hydraulic characteristics in a steam generator[J]. Applied Thermal Engineering，2008，28(5)：414-422.

[22] LIU Z，TAO G，LU L，et al. A novel all-glass evacuated tubular solar steam generator with simplified CPC [J]. Energy Conversion and Management，2014，86：175-185.

[23] BROMLEY L A. Heat transfer in stable film boiling[J]. Chemical Engineering Progress，1950，46：221.

[24] COLLIER J G, THOME J R. Convective boiling and condensation[M]. Oxford: Oxford University Press, 1994.

[25] WANG K, BAI B, MA W. An improved liquid film model to predict the CHF based on the influence of churn flow [J]. Applied Thermal Engineering, 2014, 64(1): 422-429.

[26] LI G, FU S, LIU Y, et al. A homogeneous flow model for boiling heat transfer calculation based on single phase flow[J]. Energy Conversion and Management, 2009, 50(7): 1862-1868.

[27] NGUYEN N H, MOON S K. An improved heat transfer correlation for developing post-dryout region in vertical tubes[J]. Nuclear Engineering and Technology, 2015, 20(4): 81-88.

[28] MAMOURIAN M, SHIRVAN K M, MIRZAKHANLARI S. Two phase simulation and sensitivity analysis of effective parameters on turbulent combined heat transfer and pressure drop in a solar heat exchanger filled with nanofluid by Response Surface Methodology[J]. Energy, 2016, 109: 49-61.

[29] KOIZUMI Y, TASAKA K. Investigation of pre-and post-dryout heat transfer in upward steam-water two-phase flow at low flow rate[J]. Journal of Nuclear Science and Technology, 1982, 19(12): 965-984.

[30] YUN R, KIM Y, KIM M S, et al. Boiling heat transfer and dryout phenomenon of CO_2 in a horizontal smooth tube[J]. International Journal of Heat and Mass Transfer, 2003, 46(13): 2353-2361.

[31] HAAS C, SCHULENBERG T, WETZEL T. Critical heat flux for flow boiling of water at low pressure in vertical internally heated annuli[J]. International Journal of Heat and Mass Transfer, 2013, 60: 380-391.

[32] MATTSON R J, CONDIE K G, BENGSTON S J, et al. Regression analysis of post-CHF flow boiling data [C]// 5th International Heat Transfer Conference. Washington, D. C.: Atomic Energy Commission, 1974.

[33] 郝老迷,胡古,郭春秋. 沸腾传热和气液两相流动[M]. 哈尔滨:哈尔滨工程
大学出版社,2015.

[34] TONG L S, TANG Y S. Boiling heat transfer and two-phase flow[M].
London：Taylor & Francis,1997.

[35] WANG K,JUNYA I,LI C Y,et al. Invariant aluminum CHF under
electron beam irradiation conditions for downward-facing flow boiling[J].
Applied Thermal Engineering,2023,220:119810.

[36] 宋功乐,王啸宇,邓坚,等. 干涸型临界热流密度机理模型开发与科学验证
[J]. 科技视界,2022(33):74-79.

[37] BARAYA K,WEIBEL J A,GARIMELLA S V. Wetting hysteresis as the
mechanism of heat pipe post-dryout thermal hysteresis and recovery[J].
International Journal of Heat and Mass Transfer,2023,204:123875.

[38] YANG T A,ZHANG K,TIAN W X,et al. Analysis of CHF characteristics
with fuel rods in the natural circulation system under motion conditions
[J]. Progress in Nuclear Energy,2022,152:104345.

[39] HE M F,ALI A,CHEN M H. Experimental investigations of critical heat
flux re-occurrence on post-CHF surfaces[J]. Progress in Nuclear Energy,
2022,148:104211.

第 3 章

直流蒸汽发生器中汽液两相流动与传热的数学描写

本章针对直流蒸汽发生器中的汽液两相流动与传热进行系统的数学描写,主要对单相对流区(包含直流蒸汽发生器一次侧单相液流动传热、二次侧单相过冷液体和单相过热蒸汽流动传热及传热管壁导热)、二次侧汽液两相流动沸腾过程中的饱和核态沸腾区、液膜强制对流蒸发区和缺液区的两相流动传热数学模型进行详细介绍。由于在直流蒸汽发生器一次侧、管壁与二次侧的耦合流动与传热过程中存在非常多的源项,例如核态沸腾判定标准、流场间的相互作用、壁面与流场间的相互作用、蒸干标准、表面张力及湍流模型等,因此最后给出了模化流动沸腾过程的半机理模型,用于使前述建立的数学模型封闭。

3.1　汽液两相流动与传热的数学描写方法

相是具有相同成分和相同物理、化学性质的均匀物质的一种状态,如液相、气(汽)相和固相等。两相流是指两个相同时存在并具有明显的相间分界面的流动,例如,气(汽)液两相流,气(汽)固两相流和液固两相流等。两相流可分为单组分和双组分两相流。同一物质的两相流动,如水和水蒸气构成的汽－水两相流动,称为单组分两相流;两种不同物质的两相流动,如水和空气构成的气－水两相流动,称为双组分两相流。两相流还可以分为非绝热和绝热两相流,以流动过程中是否与外界有热量的交换来区分。例如在水管式蒸汽发生器的上升管内以及在沸水堆燃料元件之间冷却剂通道内的两相流,都属于非绝热两相流。在这种情况下,蒸汽是在汽液混合物上升的同时连续不断地生成。

两相流动在沸水堆、高功率密度的压水堆以及其他液体冷却的核反应堆和设备中经常发生。例如,在沸水堆堆芯的冷却剂通道内产生一定量的蒸汽;现代压水堆虽然不允许整个堆芯通道发生核态沸腾,但是允许最热通道中发生过冷沸腾,甚至饱和核态沸腾。蒸汽发生器中的蒸汽产生量要比堆芯中大得多。在反应堆事故工况下,特别是在冷却剂丧失事故中,整个反应堆一回路系统中均处于两相流工况。

气(汽)液两相共存时的流动状态和规律,与它们单独流动(单相流)时不同,这主要是由于两个相的分布状况和相界面的存在。两个相的存在,除了它们自身与外界界面发生作用(例如与壁面发生力的作用和能量的交换)之外,在两相界面之间还发生着质量、动量和能量的交换。另外,两个相的分布状况是各种各样的,可能是密集的,也可能是分散的。当密集时可能发生不同程度的聚并现象,如小气(汽)泡聚并成大气(汽)泡,小液滴聚并成大液滴,甚至两个相截然分开。两相的不同分布状况或流动形态称为两相流动的流型或流动结构。不同的流型,不但影响两相流的力学关系,而且影响其传热性能,因此两相流的规律十分复杂,尤其是当在流动过程中有一部分流体发生相变时,会引起许多值得注意的流动与传热问题。此外,当反应堆堆芯中存在两相流时,其气(汽)泡含量会影响中子的慢化程度,从而影响反应堆的性能。因此,两相流的研究在核动力工程中极其重要。

两相流动的研究常以实验为基础,根据流体力学理论建立两相流模型。实验一般可分为实参量实验和模化实验。前者在实际使用的参量值下用实际的介质做实验;后者用模拟介质在较低参量值下进行实验。流体力学理论主要以质量、动量和能量守恒定律建立的方程组为依据,再加上流体的状态方程。

目前,两相流的许多运动规律主要依靠实验数据整理出来的经验关系式来表达,具有一定的局限性,只适用于实验的条件和参量下。而且,即使在相近的实验条件下,不同的研究者所整理出来的关系式也不尽相同。例如,现有的截面含汽率(空泡份额)和两相摩擦压降的关系式很多,但计算结果却相差较大,甚至没有一个公认准确的关系式。因此这方面的研究有待进一步改善。

汽液两相流的数学描述方法主要分成均相流和分相流模型。对于分相流模型,常用的描述方法有 Euler-Langrange 方法和 Euler-Euler 方法,前者着重于分析粒子的运动,后者则着重刻画整个气(汽)液两相流场,二者是统一的。针对直流蒸汽发生器内二次侧汽液两相流的数学描写,由于不同区域流型皆不相同,进而使得各个区域的流动与传热有着不同的数学描写方法,下面将一一介绍。

3.2　直流蒸汽发生器二次侧的传热分区

流体流动既可能是由于密度差引起的自然循环,也可能是依靠泵等外界条件的强制循环。在流体流动系统内通过流道壁面对流体进行加热、在流体内部产生汽泡或由液相变成汽相的现象称为流动沸腾。直流蒸汽发生器二次侧流体的流动是外界压力作用下的强制循环。直流蒸汽发生器二次侧工质由过冷状态被加热至饱和状态,继续加热后发生蒸干,蒸干后产生过热蒸汽,这一过程的流动和传热过程十分复杂,各阶段的传热特性都不同,所以需要分区进行研究。本节以管内流动为例说明流动沸腾过程中各传热区的特点。

管内流动沸腾过程如图 3.1 所示,过冷状态的液体由传热管底部进入,竖直向上流动。随着加热的进行,液体逐渐汽化,区域内的流动与传热形式发生变化。下面介绍流动沸腾过程中传热分区的依据及各传热区的特性。

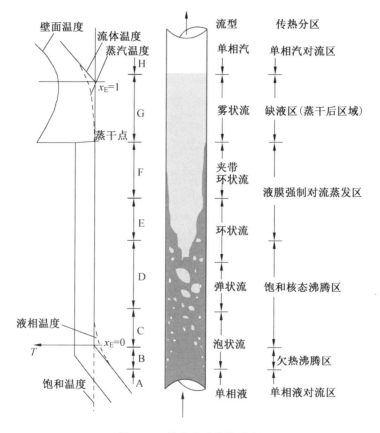

图 3.1　管内流动沸腾过程

(1) 单相液对流区(A 区)。此区域流体以过冷水的状态进入传热管,经过不断地加热,流体的温度逐渐上升。

(2) 欠热沸腾区(B 区)。此区域主流流体未饱和,壁面温度已升至相应压力下的饱和温度以上,壁面处有液体汽化。汽泡脱离近壁区域向主流区扩散,在主流区凝结为液体而消失。

(3)饱和核态沸腾区(C、D区)。此区域气泡不发生凝结,而是逐渐聚合。气(汽)泡的混合产生强烈扰动,液相流速增大,传热能力显著提高。C、D区虽然流体流型不同,但都属于饱和核态沸腾区。

(4)液膜强制对流蒸发区(E、F区)。此区域汽液两相流型为环状流。近壁处开始形成液膜,主流区为蒸汽,通过强制对流传热将管壁的热量通过液膜传给液膜-核心蒸汽的交界面上,液膜也很快被加热至消失。

(5)缺液区(G区)。此区域流体的质量含汽率持续上升,当达到临界质量含汽率时,管壁面上的液膜厚度变为0,发生蒸干。蒸干发生后进入缺液区,传热过程由液相对流传热变为汽相对流传热,表面传热系数显著减小。但是由于质量含汽率仍不断上升,流速加快,所以缺液区的表面传热系数仍呈缓慢上升趋势。

(6)单相汽对流区(H区)。随着加热的进行,缺液区流体的质量含汽率持续上升,最终达到1,此时进入单相汽对流区。因为传热过程为蒸汽与壁面间存在对流传热,所以此区域表面传热系数较小。

流型会对汽液两相流的流动与传热产生不可忽略的影响。流动沸腾过程中随着质量含汽率的增加,流型不断发生变化。直流蒸汽发生器二次侧发生的流动沸腾过程经历了泡状流、弹状流、环状流、雾状流等流型。在流体竖直向上流动过程中,泡状流的汽泡通常是间断的,而且汽泡很小,均匀地分布在连续流动的液体中。随着生成的汽泡逐渐增多,汽泡间发生合并,汽泡的尺寸越来越大,流体中可能产生远大于泡状流区的汽弹,此时流型转变为弹状流。随着加热的继续进行,质量含汽率持续升高,流道中的蒸汽以连续汽相流动,而液体则以液膜的形式附着在管壁面上,少量液体以离散液滴的形式弥散在连续蒸汽中,此时为环状流。在环状流区,当汽相流速较小时,液体受重力的作用而以液膜的形式附着在管壁面上。当汽相流速较大时,蒸汽夹带着液滴进入汽相流道,使液滴克服重力的作用随蒸汽向上流动。之后在质量含汽率较高的缺液区产生雾状流,壁面处的液膜消失,蒸汽夹带着液滴流动,液滴在流动过程中与壁面发生撞击,这种强烈扰动同时起到了强化传热的作用。其中泡状流和弹状流属于饱和核态沸腾区,汽相以离散汽泡的形式存在,液相以连续液体的形式存在。而在液膜强制对流蒸发区,汽相由离散相变为连续相,而液相则以连续液膜和蒸汽中夹带的液滴形式存在。在缺液区,汽相仍以连续相的形式存在,而液相则以蒸汽中夹带的离散液滴形式存在。

3.3　单相对流区的数学模型

直管式直流蒸汽发生器一次侧高温高压冷却剂通过与传热管束间的单相对流传热将热量传给二次侧流体。二次侧流体流动与传热过程中的单相液对流区(实际质量含汽率为 0 的区域)和单相汽对流区(实际质量含汽率为 1 的区域)也属于单相对流传热。同时,进行蒸汽发生器一、二次侧耦合传热数值模拟时还涉及管壁的导热。因此这里统一给出单相对流传热(包括导热)的基本控制方程:

$$\frac{\partial(\rho\varphi_0)}{\partial t}+\frac{\partial(\rho u\varphi_0)}{\partial x}+\frac{\partial(\rho v\varphi_0)}{\partial y}+\frac{\partial(\rho w\varphi_0)}{\partial z}=$$

$$\frac{\partial}{\partial x}\left(\Psi\frac{\partial\varphi_0}{\partial x}\right)+\frac{\partial}{\partial y}\left(\Psi\frac{\partial\varphi_0}{\partial y}\right)+\frac{\partial}{\partial z}\left(\Psi\frac{\partial\varphi_0}{\partial z}\right)+S \tag{3.1}$$

式中　　ρ —— 密度,$\mathrm{kg/m^3}$;

t —— 时间,s;

x、y、z —— 坐标轴 x 轴、y 轴、z 轴,m;

u —— x 轴速度分量,$\mathrm{m/s}$;

v —— y 轴速度分量,$\mathrm{m/s}$;

w —— z 轴速度分量,$\mathrm{m/s}$;

φ_0 —— 物理变量,其具体说明见表 3.1;

Ψ —— 扩散系数,其具体说明见表 3.1;

S —— 源项,其具体说明见表 3.1。

表 3.1 式(3.1) 中变量说明

方程	φ_0	Ψ	S
质量方程	1	0	0
动量方程	u_i	μ^{eff}	$g_i - \dfrac{\partial p}{\partial x_i} + S_i$
能量方程	T	λ/c_p	S_T
传热管导热方程	T_{w}	$\lambda_{\mathrm{w}}/c_{\mathrm{w}}$	0

注:式(3.1)中三个方向的流速 u、v 和 w 均为 0 时即为表中所述的传热管导热方程。由于在直管式直流蒸汽发生器传热管束中不存在内热源,因此,其源项 S 为 0。表 3.1 中,μ^{eff} —— 等效动力黏度,Pa·s;下标 i —— 流动方向 x、y、z;p —— 压力,Pa;T —— 温度,K;λ_{w} —— 传热管导热系数,W/(m·K);c_p —— 比定压热容,J/(kg·K);c_{w} —— 固体比热容,J/(kg·K)。

直流蒸汽发生器二次侧经历了复杂的汽液两相流动与传热过程,对该过程目前比较通用的模拟方法有均相流方法、漂移流方法和两流体方法。均相流方法将两相流体处理为一种准单相流体,不能模拟汽液两相间的相互作用。漂移流方法将两相流体处理为混合物,通过漂移速度模拟相间的动量传递。而两流体方法能够分别模拟每一相的流动与传热以及相间的质量、动量和能量传递,其精度相对漂移流方法要高。因此本书采用基于两流体方法的两流体两流场和两流体三流场数学模型描述直流蒸汽发生器二次侧的两相流动沸腾、蒸干及蒸干后传热过程。其中两流体两流场数学模型主要用于两个传热区的模拟:① 模拟泡状流等饱和核态沸腾区中连续液相和离散汽泡的流动与传热行为,主要涉及连续液体和离散汽泡两个流场;② 模拟缺液区连续蒸汽和离散液滴的流动与传热行为,主要涉及连续蒸汽和离散液滴两个流场。而两流体三流场数学模型则用于模拟液膜强制对流蒸发区的连续液膜、连续蒸汽和离散液滴三个流场的流动与传热行为。为了详细说明汽液两相流动与传热过程中不同传热区数学模型的差异,下面分别给出各传热区的具体数学模型。

3.4   饱和核态沸腾区的数学模型

随着流动与传热的进行,过冷水吸热升温,当其平均温度达到相应压力下的饱和温度时,传热进入饱和核态沸腾区。在流动沸腾起始阶段,液相所占比例较高,在流域中以连续相的形式存在。而蒸汽主要通过汽化核心产生,汽泡在汽化核心内的生成、成长、脱离壁面,以及进一步合并成汽块均是以离散相的形式弥散在连续液相中。本节采用两流体两流场数学模型分别模拟连续液相和离散汽相的流动与传热行为,同时考虑汽液两相交界面和两流场间质量、动量、能量传递以及流场与壁面间的相互作用。详细控制方程描述如下。

（1）液相质量守恒方程。

$$\frac{\partial}{\partial t}(\beta_1 \rho_1) + \nabla \cdot (\beta_1 \rho_1 \boldsymbol{U}_1) = -\dot{m}_{vl} \tag{3.2}$$

式中 β_1—— 液相体积分数;

ρ_1—— 液相密度,kg/m^3;

∇—— 哈密顿算子;

$\boldsymbol{U}_1$—— 液相速度矢量,m/s;

$\dot{m}_{vl}$—— 液相向汽相的质量传递速率,$kg/(m^3 \cdot s)$。

（2）汽相质量守恒方程。

$$\frac{\partial}{\partial t}(\beta_v \rho_v) + \nabla \cdot (\beta_v \rho_v \boldsymbol{U}_v) = \dot{m}_{vl} \tag{3.3}$$

式中 β_v—— 汽相体积分数;

ρ_v—— 汽相密度,kg/m^3;

$\boldsymbol{U}_v$—— 汽相速度矢量,m/s。

（3）液相动量守恒方程。

$$\frac{\partial}{\partial t}(\beta_1 \rho_1 \boldsymbol{U}_1) + \nabla \cdot (\beta_1 \rho_1 \boldsymbol{U}_1 \boldsymbol{U}_1) = \beta_1 (\rho_1 \boldsymbol{g} - \nabla p_1) - \boldsymbol{F}_{lv} + \boldsymbol{F}_{lift} - \dot{m}_{vl} \boldsymbol{U}_1 +$$

$$\nabla \cdot \left\{ \beta_1 \mu_1^{eff} \left[\nabla \boldsymbol{U}_1 + (\nabla \boldsymbol{U}_1)^{\mathrm{T}} - \frac{2}{3} \nabla \cdot (\boldsymbol{U}_1) \boldsymbol{I} \right] \right\} \tag{3.4}$$

式中　　g —— 重力加速度，m/s^2；

p_l —— 液相压力，MPa；

F_{lv} —— 液相对汽相的拖曳力，N/m^3；

I —— 单位张量；

F_{lift} —— 浮升力，N/m^3；

μ_l^{eff} —— 液相等效动力黏度，Pa·s。

（4）汽相动量守恒方程。

$$\frac{\partial}{\partial t}(\beta_v \rho_v \boldsymbol{U}_v) + \nabla \cdot (\beta_v \rho_v \boldsymbol{U}_v \boldsymbol{U}_v) = \beta_v(\rho_v \boldsymbol{g} - \nabla p_v) - \boldsymbol{F}_{vl} - \boldsymbol{F}_{lift} + \dot{m}_{vl}\boldsymbol{U}_v +$$

$$\nabla \cdot \left\{ \beta_v \mu_v^{eff} \left[\nabla \boldsymbol{U}_v + (\nabla \boldsymbol{U}_v)^T - \frac{2}{3} \nabla \cdot (\boldsymbol{U}_v) \boldsymbol{I} \right] \right\} \quad (3.5)$$

式中　　p_v —— 汽相压力，MPa；

μ_v^{eff} —— 汽相等效动力黏度，Pa·s；

F_{vl} —— 汽相对液相的拖曳力，N/m^3。

（5）液相能量守恒方程：

$$\frac{\partial}{\partial t}(\beta_l \rho_l h_l) + \nabla \cdot (\beta_l \rho_l h_l \boldsymbol{U}_l) - \beta_l \frac{Dp_l}{Dt} =$$

$$q_{lv} - \dot{m}_{vl}h_l + \frac{\chi_c}{A}q_{wl} + \nabla \cdot \{ \beta_l [\lambda_l^{eff} \nabla T_l - h_l \boldsymbol{J}_l] \} + \beta_l \boldsymbol{\Phi}_l \quad (3.6)$$

式中　　D —— 物质导数；

h_l —— 液相焓值，J/kg；

q_{lv} —— 汽相向液相的显热传递速率，W/m^3；

χ_c —— 加热周长，m；

A —— 流通截面积，m^2；

q_{wl} —— 壁面与液相间的热流密度，W/m^2。

T_l —— 液相温度，K；

$\boldsymbol{J}_l$ —— 液相扩散通量，$kg/(m^2 \cdot s)$；

$\boldsymbol{\Phi}_l$ —— 液相耗散函数，$\boldsymbol{\Phi}_l = \left\{ \mu_l^{eff} \left[2\boldsymbol{S}_l - \frac{2}{3} \nabla \cdot (\boldsymbol{U}_l) \boldsymbol{I} \right] \right\} : \boldsymbol{S}_l$，$W/m^3$（其中

$\boldsymbol{S}_l$ 为液相变形速率张量，$\boldsymbol{S}_l = \frac{1}{2} [\nabla \boldsymbol{U}_l + (\nabla \boldsymbol{U}_l)^T]$，$s^{-1}$）。

（6）汽相能量守恒方程。

$$\frac{\partial}{\partial t}(\beta_v \rho_v h_v) + \nabla \cdot (\beta_v \rho_v h_v \boldsymbol{U}_v) - \beta_v \frac{\mathrm{D}p_v}{\mathrm{D}t} =$$

$$q_{vl} + \dot{m}_{vl}h_v + \frac{\chi_c}{A}q_{wv} + \nabla \cdot \{\beta_v [\lambda_v^{eff} \nabla T_v - h_v \boldsymbol{J}_v]\} + \beta_v \boldsymbol{\varPhi}_v \quad (3.7)$$

式中　h_v——汽相焓值，J/kg；

　　　q_{vl}——液相向汽相的显热传递速率，W/m^3；

　　　T_v——汽相温度，K；

　　　$\boldsymbol{J}_v$——汽相扩散通量，$kg/(m^2 \cdot s)$；

　　　q_{wv}——壁面与汽相间的热流密度，W/m^2；

　　　$\boldsymbol{\varPhi}_v$——汽相耗散函数，$\boldsymbol{\varPhi}_v = \left\{\mu_v^{eff}\left[2\boldsymbol{S}_v - \frac{2}{3}\nabla \cdot (\boldsymbol{U}_v)\boldsymbol{I}\right]\right\}:\boldsymbol{S}_v$，$W/m^3$（其

　　　中 $\boldsymbol{S}_v$ 为汽相变形速率张量，$\boldsymbol{S}_v = \frac{1}{2}[\nabla \boldsymbol{U}_v + (\nabla \boldsymbol{U}_v)^{\mathrm{T}}]$，$s^{-1}$）。

3.5　液膜强制对流蒸发区的数学模型

在直流蒸汽发生器实际运行过程中，随着二次侧流动沸腾的进行，蒸汽逐渐增多。当实际质量含汽率达到弹状流向环状流的转换界限时，传热区转变为液膜强制对流蒸发区。在该区域内，蒸汽以连续相的形式存在，液相分别以壁面上附着的连续液膜和汽相中夹带的离散液滴的形式存在。在此过程中，液膜与汽相之间、液膜与液滴之间、液滴与汽相之间存在相互作用。液膜与汽相之间因液滴夹带、液滴沉积和液膜蒸发进行着质量交换，液膜受到夹带、沉积及汽化的多重作用逐渐变薄，直至发生局部断裂。如果液滴沉积到液膜上的速率小于液膜自身蒸发和汽相对液膜的夹带速率，液膜将发生局部断裂。随着加热的进行，汽相逐渐占据整个通道，此时发生蒸干传热恶化现象。由于液滴的存在对液膜和连续汽相之间的质量、动量和能量传递产生很大的影响，所以必须考虑液滴和其他流场（蒸汽和液膜）间的相互作用。

在液膜强制对流蒸发区，热量主要通过 5 种方式由壁面传递给流体：① 热量

通过对流传热由壁面传给液膜;② 壁面直接将热量传给液滴;③ 热量通过对流传热由壁面传给蒸汽;④ 由蒸汽将热量传给悬浮于核心蒸汽中的液滴(对流传热);⑤ 由液膜将热量传给核心蒸汽(对流传热)。上述各传热方式在不同设备(反应堆棒束、蒸汽发生器等)、不同工况中所占比例不同,某些情况下只有部分传热形式起主导作用,因此根据研究对象的实际工作过程做如下简化假设:考虑到液膜强制对流蒸发区的离散液滴夹带在连续蒸汽中流动,并且该区域的体积含汽率较高,即液相(包括液膜和液滴)体积分数较低,而液膜体积分数又远高于液滴的体积分数,因此该区域内离散液滴在连续蒸汽中的分布非常稀疏,此时可近似认为液滴不直接与壁面接触。基于此,假设夹带在连续蒸汽中的离散液滴通过吸收蒸汽的热量汽化,而不直接通过壁面吸收热量,即壁面与液滴间的热流密度 $q_{wd}=0$,这样将第 2 种传热方式合并到第 4 种传热方式中加以考虑。

综上所述,液膜强制对流蒸发区和流动沸腾初始阶段的核态沸腾区相比,流动沸腾传热形式发生了很大的变化,不仅各流场的存在形式不同,而且流场的数量也相应增加。传统的两流体两流场数学模型仅用于描述连续液相与离散汽泡的流动与传热,因此需要引入两流体三流场数学模型描述液膜强制对流蒸发区内三流场的流动与传热。

(1) 汽相质量守恒方程。

$$\frac{\partial}{\partial t}(\beta_v \rho_v) + \nabla \cdot (\beta_v \rho_v \boldsymbol{U}_v) = \Gamma_l + \Gamma_d \tag{3.8}$$

式中　Γ_l —— 环状液膜向连续蒸汽的质量传递速率,$kg/(m^3 \cdot s)$;

　　　Γ_d —— 离散液滴向连续蒸汽的质量传递速率,$kg/(m^3 \cdot s)$。

(2) 液膜质量守恒方程。

$$\frac{\partial}{\partial t}(\beta_l \rho_l) + \nabla \cdot (\beta_l \rho_l \boldsymbol{U}_l) = -\Gamma_l - W_E + W_D \tag{3.9}$$

式中　W_E —— 液滴夹带速率,$kg/(m^3 \cdot s)$;

　　　W_D —— 液滴沉积速率,$kg/(m^3 \cdot s)$。

(3) 液滴质量守恒方程。

$$\frac{\partial}{\partial t}(\beta_d \rho_d) + \nabla \cdot (\beta_d \rho_d \boldsymbol{U}_d) = -\Gamma_d + W_E - W_D \tag{3.10}$$

式中 β_d —— 液滴体积分数;

ρ_d —— 液滴密度,kg/m³;

$\boldsymbol{U}_d$ —— 液滴速度矢量,m/s。

（4）汽相动量守恒方程。

$$\frac{\partial(\beta_v\rho_v\boldsymbol{U}_v)}{\partial t} + \nabla\cdot(\beta_v\rho_v\boldsymbol{U}_v\boldsymbol{U}_v) =$$

$$\beta_v(\rho_v\boldsymbol{g} - \nabla p_v) - \boldsymbol{F}_{vd} - \boldsymbol{F}_{vl} - \boldsymbol{F}_{lift} + \Gamma_l\boldsymbol{U}_l + \Gamma_d\boldsymbol{U}_d +$$

$$\nabla\cdot\left\{\beta_v\mu_v^{eff}\left[\nabla\boldsymbol{U}_v + (\nabla\boldsymbol{U}_v)^T - \frac{2}{3}\nabla\cdot\boldsymbol{U}_v\boldsymbol{I}\right]\right\} \tag{3.11}$$

式中 $\boldsymbol{F}_{vd}$ —— 蒸汽和液滴间的拖曳力,N/m³;

$\boldsymbol{F}_{vl}$ —— 蒸汽和液膜间的拖曳力,N/m³。

（5）液膜动量守恒方程。

$$\frac{\partial(\beta_l\rho_l\boldsymbol{U}_l)}{\partial t} + \nabla\cdot(\beta_l\rho_l\boldsymbol{U}_l\boldsymbol{U}_l) =$$

$$\beta_l(\rho_l\boldsymbol{g} - \nabla p_l) - \boldsymbol{F}_{lv} - \Gamma_l\boldsymbol{U}_l + W_D\boldsymbol{U}_d - W_E\boldsymbol{U}_d +$$

$$\nabla\cdot\left\{\beta_l\mu_l^{eff}\left[\nabla\boldsymbol{U}_l + (\nabla\boldsymbol{U}_l)^T - \frac{2}{3}\nabla\cdot\boldsymbol{U}_l\boldsymbol{I}\right]\right\} \tag{3.12}$$

（6）液滴动量守恒方程。

$$\frac{\partial(\beta_d\rho_d\boldsymbol{U}_d)}{\partial t} + \nabla\cdot(\beta_d\rho_d\boldsymbol{U}_d\boldsymbol{U}_d) = \beta_d(\rho_d\boldsymbol{g} - \nabla p_d) - \boldsymbol{F}_{dv} + \boldsymbol{F}_{lift} - \Gamma_d\boldsymbol{U}_d +$$

$$W_E\boldsymbol{U}_d - W_D\boldsymbol{U}_d + \nabla\cdot\left\{\beta_d\mu_d^{eff}\left[\nabla\boldsymbol{U}_d + (\nabla\boldsymbol{U}_d)^T - \frac{2}{3}\nabla\cdot\boldsymbol{U}_d\boldsymbol{I}\right]\right\} \tag{3.13}$$

式中 p_d —— 液滴压力,MPa。

（7）汽相能量守恒方程。

$$\frac{\partial}{\partial t}(\beta_v\rho_v h_v) + \nabla\cdot(\beta_v\rho_v h_v\boldsymbol{U}_v) - \beta_v\frac{\mathrm{D}p_v}{\mathrm{D}t} =$$

$$\Gamma_l h_v + \Gamma_d h_v + q_{vl} + q_{vd} + \frac{\chi_c}{A}q_{wv} +$$

$$\nabla\cdot\{\beta_v[\lambda_v^{eff}\nabla T_v - h_v\boldsymbol{J}_v]\} + \beta_v\boldsymbol{\Phi}_v \tag{3.14}$$

式中 q_{vl} —— 单位体积内蒸汽通过蒸汽与液膜交界面传递的热量,W/m³;

q_{vd} —— 单位体积内蒸汽通过蒸汽与液滴交界面传递的热量,W/m³;

A—— 流通截面积,m^2;

q_{wv} —— 壁面与蒸汽间的热流密度,W/m^2;

$\boldsymbol{\Phi}_v$ —— 汽相耗散函数,W/m^3。

(8) 液膜能量守恒方程。

$$\frac{\partial}{\partial t}(\beta_l \rho_l h_l) + \nabla \cdot (\beta_l \rho_l h_l \boldsymbol{U}_l) - \beta_l \frac{\mathrm{D}p_l}{\mathrm{D}t} =$$

$$-\Gamma_l h_v + W_D h_d - W_E h_l + q_{lv} + \frac{\chi_c}{A}q_{wl} +$$

$$\nabla \cdot [\beta_l (\lambda_l^{\mathrm{eff}} \nabla T_l - h_l \boldsymbol{J}_l)] + \beta_l \boldsymbol{\Phi}_l \tag{3.15}$$

式中　h_d —— 液滴焓值,J/kg;

　　　q_{lv} —— 单位体积内液膜通过液膜与蒸汽交界面传递的热量,W/m^3;

　　　q_{wl} —— 壁面与液膜间的热流密度,W/m^2;

　　　$\boldsymbol{\Phi}_l$ —— 液膜耗散函数,W/m^3。

(9) 液滴能量守恒方程。

$$\frac{\partial}{\partial t}(\beta_d \rho_d h_d) + \nabla \cdot (\beta_d \rho_d h_d \boldsymbol{U}_d) - \beta_d \frac{\mathrm{D}p_d}{\mathrm{D}t} =$$

$$-\Gamma_d h_d - W_D h_d + W_E h_l + q_{dv} + \frac{\chi_c}{A}q_{wd} +$$

$$\nabla \cdot [\beta_d (\lambda_d^{\mathrm{eff}} \nabla T_d - h_d \boldsymbol{J}_d)] + \beta_d \boldsymbol{\Phi}_d \tag{3.16}$$

式中　q_{dv} —— 单位体积内液滴通过液滴与蒸汽交界面传递的热量,W/m^3;

　　　q_{wd} —— 壁面与液滴间的热流密度,W/m^2,根据前面的假设,该项为零;

　　　T_d—— 液滴温度,K;

　　　$\boldsymbol{J}_d$—— 液滴扩散通量,$kg/(m^2 \cdot s)$;

　　　$\boldsymbol{\Phi}_d$ —— 液滴耗散函数,W/m^3。

(10) 体积含汽率约束。

$$\beta_l + \beta_d + \beta_v = 1, 0 \leqslant \beta_l, \beta_d, \beta_v \leqslant 1 \tag{3.17}$$

3.6　缺液区的数学模型

随着流动沸腾的进行,当实际质量含汽率达到临界质量含汽率时,连续环状液膜消失,汽相占据整个通道,蒸干传热恶化现象发生,此时传热区转变为缺液区。在该区域内,蒸汽继续以连续相形式存在,液相以离散液滴形式存在。

在缺液区热量主要通过 6 种方式由壁面传递给流体:① 从壁面将热量传给撞击壁面的液滴;② 从壁面将热量传给进入热边界层但未湿润壁面的液滴;③ 通过对流传热将热量由壁面传给蒸汽;④ 通过对流传热由蒸汽将热量传给悬浮于蒸汽核心中的液滴;⑤ 通过辐射传热将热量由壁面传给液滴和蒸汽;⑥ 通过辐射传热将热量由蒸汽传给液滴。由于上述各个传热形式在不同设备、不同工况下所占比例不同,某些情况下只有部分传热形式起主导作用,因此根据所研究直流蒸汽发生器的实际工作过程做如下简化假设。

① 考虑到缺液区的离散液滴夹带在连续蒸汽中流动,并且该区域的体积含汽率较高,即液滴体积分数较低,因此该区域内离散液滴在连续蒸汽中的分布非常稀疏,此时可近似认为液滴不直接与壁面接触。基于此,假设夹带在连续蒸汽中的离散液滴通过吸收蒸汽的热量汽化,而不直接通过壁面吸收热量,即 $q_{wd}=0$,这样将前两种传热方式合并到第 4 种传热方式中进行计算。

② 考虑到蒸干传热恶化现象的发生引起壁面温度飞升、缺液区的传热处于偏离热力平衡状态,此时壁面和流体间存在较大的温差。因此有必要讨论在所研究的范围内是否需要考虑壁面与蒸汽和液滴间、蒸汽与液滴间的辐射传热,即第 5 种和第 6 种传热方式。文献研究表明,压力是影响缺液区辐射传热的主要因素,在低压和低质量流速状态($0.2 \sim 0.6$ MPa,$10 \sim 50$ kg/(m² · s))下,汽相对流传热所占比例变小,壁面、液滴与蒸汽间辐射传热不能忽略;高压和高质量流速状态下,汽相对流传热和液滴 — 蒸汽间对流传热为主要传热方式,辐射传热可以忽略。考虑到本书研究的压力范围为 $5 \sim 10$ MPa,质量流速范围为 $190.19 \sim 6\,000$ kg/(m² · s),属于高压高质量流速状态,因此暂未考虑缺液区的辐射传热。同时辐射传热计算中涉及的汽体辐射特性,如吸收系数等参数的测量存在非常大的不确定性,拟在以后的工作中进一步完善。

在前述的简化假定下,缺液区的控制方程描述如下:

(1)汽相质量守恒方程。

$$\frac{\partial}{\partial t}(\beta_v \rho_v) + \nabla \cdot (\beta_v \rho_v \boldsymbol{U}_v) = \Gamma_d \tag{3.18}$$

(2) 液滴质量守恒方程。

$$\frac{\partial}{\partial t}(\beta_d \rho_d) + \nabla \cdot (\beta_d \rho_d \boldsymbol{U}_d) = -\Gamma_d \quad (3.19)$$

(3) 汽相动量守恒方程。

$$\frac{\partial (\beta_v \rho_v \boldsymbol{U}_v)}{\partial t} + \nabla \cdot (\beta_v \rho_v \boldsymbol{U}_v \boldsymbol{U}_v) =$$

$$\beta_v (\rho_v \boldsymbol{g} - \nabla p_v) - \boldsymbol{F}_{vd} - \boldsymbol{F}_{lift} + \Gamma_d \boldsymbol{U}_d +$$

$$\nabla \cdot \left\{ \beta_v \mu_v^{eff} \left[\nabla \boldsymbol{U}_v + (\nabla \boldsymbol{U}_v)^T - \frac{2}{3} \nabla \cdot \boldsymbol{U}_v \boldsymbol{I} \right] \right\} \quad (3.20)$$

(4) 液滴动量守恒方程。

$$\frac{\partial (\beta_d \rho_d \boldsymbol{U}_d)}{\partial t} + \nabla \cdot (\beta_d \rho_d \boldsymbol{U}_d \boldsymbol{U}_d) =$$

$$\beta_d (\rho_d \boldsymbol{g} - \nabla p_d) - \boldsymbol{F}_{dv} + \boldsymbol{F}_{lift} - \Gamma_d \boldsymbol{U}_d +$$

$$\nabla \cdot \left\{ \beta_d \mu_d^{eff} \left[\nabla \boldsymbol{U}_d + (\nabla \boldsymbol{U}_d)^T - \frac{2}{3} \nabla \cdot \boldsymbol{U}_d \boldsymbol{I} \right] \right\} \quad (3.21)$$

(5) 汽相能量守恒方程。

$$\frac{\partial}{\partial t}(\beta_v \rho_v h_v) + \nabla \cdot (\beta_v \rho_v h_v \boldsymbol{U}_v) - \beta_v \frac{\mathrm{D} p_v}{\mathrm{D} t} =$$

$$\Gamma_d h_v + q_{vd} + \frac{\chi_c}{A} q_{wv} + \nabla \cdot [\beta_v (\lambda_v^{eff} \nabla T_v - h_v \boldsymbol{J}_v)] + \beta_v \boldsymbol{\Phi}_v \quad (3.22)$$

(6) 液滴能量守恒方程。

$$\frac{\partial}{\partial t}(\beta_d \rho_d h_d) + \nabla \cdot (\beta_d \rho_d h_d \boldsymbol{U}_d) - \beta_d \frac{\mathrm{D} p_d}{\mathrm{D} t} =$$

$$-\Gamma_d h_d + q_{dv} + \frac{\chi_c}{A} q_{wd} + \nabla \cdot [\beta_d (\lambda_d^{eff} \nabla T_d - h_d \boldsymbol{J}_d)] + \beta_d \boldsymbol{\Phi}_d \quad (3.23)$$

(7) 体积含汽率约束。

$$\beta_d + \beta_v = 1, \ 0 \leqslant \beta_d, \beta_v \leqslant 1 \quad (3.24)$$

3.7　模化流动沸腾过程的半机理模型

上述基本守恒方程组中存在很多的源项,因此需要构建关联式使方程组封闭。这些关联式主要包括核态沸腾判定标准、流场间相互作用、壁面与流场间相互作用、表面张力模型、湍流模型及蒸干标准等,其中蒸干标准相关内容详见第4章。

3.7.1   核态沸腾判定标准

(1) 过冷核态沸腾起始点(Onset of Nucleate Boiling,ONB)。

流体在流道入口处以单相过冷状态流入,随着流动与传热的进行,单相过冷液体吸热升温。当壁面过热度升高到一定程度时,尽管液相主流温度未达到相应压力下的饱和温度,但壁面上某些位置开始形成汽化核心,并进一步在汽化核心处产生汽泡,这意味着单相对流传热的结束和核态沸腾的开始。换言之,从传热的角度讲,过冷沸腾起始点就是传热分区从单相液对流传热区向核态沸腾区转变的点。通过上述分析也可看出,从传热角度确定过冷核态沸腾起始点的直观判据就是壁面过热度。

针对上述对流传热过程,从流动的角度分析可发现,单相对流传热区流体温度逐渐升高,其黏度略有下降,因此相应的摩擦压降梯度沿流动方向以较小变化率下降。但是当进入过冷核态沸腾区后,初始阶段壁面欠热度高(主流流体温度低),壁面上产生的汽泡进入主流过冷液体后被压溃、冷凝,汽泡无法再长大,该区域内汽相含量可忽略。因此汽泡主要存在于壁面附近的热边界层内,相当于壁面粗糙度增加。同时,汽泡的生成、成长、脱离和压溃过程对于流动边界层具有一定的扰动作用,致使摩擦压降梯度增大。通过上述分析也可看出,从流动角度确定过冷核态沸腾起始点的判据就是摩擦压降梯度从减小变为增大的转折点。

学者对此进行了大量有益的研究,提出的 ONB 判据主要以经验关联式为主。例如,Y. Y. Hsu 基于存在全部尺寸范围的"活性"空穴加热壁面,导出了以壁面过热度 $\Delta T_{w,ONB}$ 为判据的经验关联式:

$$\Delta T_{w,ONB} = (T_w - T_s)_{ONB} = \left(\frac{8\sigma T_s q_{ONB}}{\rho_v h_{lv} \lambda_l}\right)^{0.5} \tag{3.25}$$

式中 σ —— 液体表面张力,N/m;

T_s —— 饱和温度,K;

λ_1 —— 液相导热系数，W/(m·K)；

q_{ONB} —— 核态沸腾起始时的热流密度，W/m²。

此外，Bergles-Rohsenow、Bowring 等学者也提出了相关经验关联式以判断 ONB，感兴趣的读者可参阅相关文献。

（2）汽泡脱离壁面点（Onset of Fully Developed Subcooled Boiling，FDB）。

过冷核态沸腾区初始阶段壁面欠热度高，汽泡无法长大；随着流动与传热的发展，该区域主流液体温度和壁面温度升高，壁面欠热度降低，壁面处形成的汽化核心数量增多，由汽化核心处产生的汽泡数量变多，并且汽泡能够长大并脱离壁面，进入主流液体，此时的过冷核态沸腾区被称为充分发展的过冷核态沸腾区，汽泡的存在能够强化沸腾传热，汽相含量不能忽略。因此，汽泡脱离壁面点也可以看作充分发展的过冷核态沸腾的起始点或者净蒸汽产生的开始点。

学者对此提出了很多经典的经验关联式以预测该位置。例如 Bowring 模型，脱离点处壁面欠热度表达如下：

$$\Delta T_{sub}(z_{FDB}) = T_s - T_b(z_{FDB}) = \eta \frac{\rho_1 q}{G} \tag{3.26}$$

$$\eta = 10^{-6}(14 + p) \tag{3.27}$$

式中　ρ_1 —— 液相密度；

　　　p —— 压力，MPa，适用范围 1.1～13.8 MPa；

　　　G —— 质量流速，kg/(m²·s)；

实验研究发现，上述经验关联式在 $G < 680$ kg/(m²·s) 时与实验值相一致，在高质量流速下预测值远低于实验值。此外，Griffith、Levy、Saha-Zuber 等学者也提出了相关经验关联式以判断 FDB，感兴趣的读者可参阅相关文献。

（3）饱和核态沸腾起始点。

随着流动与传热的进一步进行，主流液相温度逐渐升高至相应压力下的饱和温度，此时传热区由充分发展的过冷核态沸腾区转变为饱和核态沸腾区，转折点即为饱和核态沸腾起始点，该位置的计算可基于热平衡，此处不再赘述。

3.7.2　流场间相互作用

流场间的质量传递速率主要包括热相变项（Γ_1、Γ_d）和水力项（W_E、W_D），热相

变项 Γ_l、Γ_d 分别通过蒸汽－液膜或蒸汽－液滴交界面的吸热汽化计算得到,水力项 W_E、W_D 分别指单位时间内环状液膜被蒸汽撕裂时,蒸汽带走的液滴和蒸汽中夹带的液滴向环状液膜沉积的质量。具体表达式如下:

$$\Gamma_l = \frac{q_{wil}\chi_c/A - q_{lv} - q_{vl}}{h_v - h_l} \tag{3.28}$$

$$\Gamma_d = \frac{q_{wid}\chi_c/A - q_{dv} - q_{vd}}{h_v - h_d} \tag{3.29}$$

$$W_E = 1.1 \times 10^4 \delta^{2.25}\rho_d \tag{3.30}$$

$$W_D = k_d C_H \tag{3.31}$$

$$C_H = \frac{\beta_d \rho_d u_d}{\beta_d \rho_d u_d + \beta_v \rho_v u_v} \tag{3.32}$$

$$k_d = 1.147\,4 \times 10^2 - 1.285\,4 \times 10^4 C_H + 1.015 \times 10^{-6} C_H^2 -$$
$$4.250\,1 \times 10^{-9} C_H^3 + 6.819 \times 10^{-12} C_H^4 \tag{3.33}$$

式中　　q_{wil} —— 壁面与蒸汽－液膜交界面的热流密度,W/m^2;

　　　　q_{wid} —— 壁面与蒸汽－液滴交界面的热流密度,W/m^2;

　　　　δ —— 连续液膜厚度,m。

流场间动量传递主要包括浮升力 $\boldsymbol{F}_{lift}$ 和拖曳力 $\boldsymbol{F}_{pq}$,如下:

$$\boldsymbol{F}_{lift} = -C_l \rho_q \beta_p (\boldsymbol{U}_q - \boldsymbol{U}_p) \times (\nabla \times \boldsymbol{U}_q) \tag{3.34}$$

$$\boldsymbol{F}_{pq} = K_{pq}(\boldsymbol{U}_p - \boldsymbol{U}_q) \tag{3.35}$$

$$K_{pq} = \frac{\rho_p f}{6\tau_p} d_p A_i \tag{3.36}$$

$$f = \frac{C_D Re}{24} \tag{3.37}$$

$$Re = \frac{\rho_q |\boldsymbol{U}_p - \boldsymbol{U}_q| d_p}{\mu_e} \tag{3.38}$$

$$\mu_e = \frac{\mu_q}{(1 - \beta_v)^{2.5}} \tag{3.39}$$

$$\tau_p = \frac{\rho_p d_p^2}{18\mu_e} \tag{3.40}$$

$$A_i = \frac{6\beta_p}{d_p} \tag{3.41}$$

$$C_D = \begin{cases} \dfrac{24}{Re}, & Re < 1 \\[3mm] \dfrac{24}{Re}(1 + 0.1 Re^{0.75}), & 1 \leqslant Re < 1\,000 \\[3mm] \dfrac{2}{3}\left(\dfrac{d_q}{\lambda_{RT}}\right)\left(\dfrac{1 + 17.67 f^{*\,6/7}}{18.67 f^*}\right)^2, & Re \geqslant 1\,000 \end{cases} \tag{3.42}$$

$$f^* = (1 - \beta_p)^3 \tag{3.43}$$

$$\lambda_{RT} = \left(\frac{\sigma}{g \Delta \rho_{pq}}\right)^{0.5} \tag{3.44}$$

$$\boldsymbol{F}_{vl} = 2.0 \frac{f_I}{D_h} \sqrt{\beta_v} \rho_v |\boldsymbol{U}_v - \boldsymbol{U}_l| (\boldsymbol{U}_v - \boldsymbol{U}_l) \tag{3.45}$$

$$f_I = f_S \left\{ 1 + 1\,400F \left[1 - \exp\left(-\frac{\rho_v |\boldsymbol{U}_v|^2 f_S}{\rho_l g D_h} \frac{(1 + 1\,400F)^{1.5}}{13.2F}\right) \right] \right\} \tag{3.46}$$

$$F = \frac{\mu_l \left[(0.707 Re_l^{0.5})^{2.5} + (0.0379 Re_l^{0.9})^{2.5} \right]^{0.40}}{\mu_v Re_v^{0.9}} \sqrt{\frac{\rho_v}{\rho_l}} \tag{3.47}$$

$$f_S = 0.046 Re_v^{-0.2} \tag{3.48}$$

式中　　C_l——升力系数；

$\quad\quad C_D$——拖曳系数；

$\quad\quad \lambda_{RT}$——瑞利－泰勒不稳定波长，m；

$\quad\quad \sigma$——表面张力，N/m；

$\quad\quad D_h$——水力直径，m；

$\quad\quad \mu_q 、\mu_v$——连续相、汽相动力黏度，Pa·S。

升力系数 C_l 由两个相反的现象决定：① 经典气动升力，在离散粒子与连续相间的剪切作用下产生；② 由漩涡引起的升力，在粒子间振动引起的漩涡脱落的相互作用下产生。C_l 通过粒子雷诺数 Re_p 和旋涡雷诺数 Re_{vo} 定义：

$$Re_p = \frac{\rho_q |\boldsymbol{U}_q - \boldsymbol{U}_p| d_p}{\mu_q} \tag{3.49}$$

$$Re_{vo} = \frac{\rho_q |\nabla \times \boldsymbol{U}_q| d_p^2}{\mu_q} \tag{3.50}$$

$$C_1 = \begin{cases} 0.076\ 7, & Re_p Re_{vo} \leqslant 6\ 000 \\ -\left[0.12 - 0.2\exp\left(-\dfrac{Re_p Re_{vo}}{3.6} \times 10^{-5}\right)\right]\exp\left(\dfrac{Re_p Re_{vo}}{3} \times 10^{-7}\right), & \\ \quad 6\ 000 < Re_p Re_{vo} < 5 \times 10^7 & \\ -0.635\ 3, & Re_p Re_{vo} \geqslant 5 \times 10^7 \end{cases}$$

$$(3.51)$$

基于内部强制对流传热计算汽相与液膜间的能量传递：

$$q_{vl} = \frac{1}{\pi D_h} \frac{\lambda_v Nu_{vl}}{D_h}(T_s - T_v) \tag{3.52}$$

$$Nu_{vl} = 0.023\ Re_v^{0.8}\ Pr_v^{0.4} \tag{3.53}$$

$$Re_v = \frac{|\boldsymbol{U}_v|\ D_h}{\nu_v} \tag{3.54}$$

式中　ν_v——汽相运动黏度，$\mathrm{m^2/s}$。

基于球体的强制对流传热计算汽相与液滴间的能量传递：

$$q_{vd} = \frac{6\beta_d}{d_d} Nu_{vd} \frac{\lambda_v}{d_d}(T_s - T_v) \tag{3.55}$$

$$Nu_{vd} = 2 + 0.6\ Re_{vd}^{0.5}\ Pr_v^{1/3} \tag{3.56}$$

$$Re_{vd} = \frac{|\boldsymbol{U}_v - \boldsymbol{U}_d|\ d_d}{\nu_v} \tag{3.57}$$

3.7.3　壁面与流场间相互作用

根据直管式直流蒸汽发生器二次侧不同传热区的流动与传热特点进行传热分区，通过热力计算得到不同区域的热流密度，并将其添加到壁面以模拟一次侧通过壁面对二次侧的加热作用，从而模拟直流蒸汽发生器运行过程中的流动与传热行为。二次侧流体从进口过冷水状态被加热到出口过热蒸汽状态的过程中经历了不同的传热区。其中，单相液区和单相汽区壁面处传热为单相对流传热；核态沸腾区壁面处传热主要由单相液对流传热、汽化传热和淬火传热构成；液膜强制对流蒸发区的连续环状液膜已经被撕裂，壁面直接与蒸汽接触，因此该区域壁面处传热由单相液对流传热、汽化传热、淬火传热和单相汽对流传热构成；而当蒸干现象结束、进入缺液区后，连续蒸汽夹带着离散液滴一起流动，壁面处传热为单相汽对流传热。基于壁面与流场间的强制对流传热得到如下壁面热流密度分区模型：

$$q_w = (q_{wl} + \zeta q_Q + \varphi q_E)[1 - f(\beta_v)] + q_{wv} f(\beta_v) \tag{3.58}$$

$$f(\beta_v) = \begin{cases} 0, & 0 \leqslant \beta_v < \beta_{v,di} \\ \dfrac{1}{2}\left[1 - \cos\left(\pi\,\dfrac{\beta_v - \beta_{v,di}}{\beta_{v,dc} - \beta_{v,di}}\right)\right], & \beta_{v,di} \leqslant \beta_v \leqslant \beta_{v,dc} \\ 1, & \beta_v > \beta_{v,dc} \end{cases} \tag{3.59}$$

式中　　q_w—— 壁面热流密度，W/m^2；

$\quad\quad q_{wl}$—— 壁面与液膜间的热流密度，W/m^2；

$\quad\quad \zeta$ —— 常数，$\beta_v = 0$ 时 $\zeta = 0$，$\beta_v \neq 0$ 时 $\zeta = 1$；

$\quad\quad q_Q$ —— 淬火热流密度，W/m^2；

$\quad\quad \varphi$ —— 常数，$\beta_v = 0$ 时 $\varphi = 0$，$\beta_v \neq 0$ 时 $\varphi = 1$；

$\quad\quad q_E$ —— 汽化热流密度，W/m^2；

$\quad\quad q_{wv}$ —— 壁面与蒸汽间的热流密度，W/m^2；

$\quad\quad \beta_{v,di}$ —— 蒸干起始处体积含汽率；

$\quad\quad \beta_{v,dc}$ —— 蒸干完成处体积含汽率。

基于强制对流传热给出液相对流传热时壁面与液膜间的热流密度 q_{wl} 计算式为

$$q_{wl} = h_{wl}(T_w - T_l)(1 - A_b) \tag{3.60}$$

$$A_b = \min\left[1, \ 4.8\exp\left(-\frac{\rho_l c_{p,l} \Delta T_{sub}}{80 \rho_v h_{lv}}\right) \times \frac{\pi}{4} d_{bw}^2 N_w\right] \tag{3.61}$$

$$\Delta T_{sub} = T_s - T_l \tag{3.62}$$

式中　　h_{wl} —— 壁面与液相间的表面传热系数，$W/(m^2 \cdot K)$；

$\quad\quad h_{lv}$ —— 汽化潜热，J/kg。

单位面积内，壁面上汽化核心处生成的汽泡脱离壁面后，附近液体向该处填充而产生的传热量为淬火热流密度：

$$q_Q = C_{wt} \frac{2\lambda_l}{\sqrt{\pi \gamma_l / f_{bw}}}(T_w - T_l) \tag{3.63}$$

式中　　C_{wt} —— 常数，通常为 1；

λ_1 —— 液相导热系数，$W/(m \cdot K)$；

γ_1 —— 液相扩散系数，m^2/s；

f_{bw} —— 汽泡脱离频率。

单位面积内液体变为蒸汽的汽化过程中，工质带走的热量为汽化热流密度，即

$$q_E = \frac{\pi}{6} d_{bw}^3 f_{bw} N_w \rho_v h_{lv} \tag{3.64}$$

汽泡脱离直径为

$$d_{bw} = 0.001\ 2 \left(\frac{\rho_1 - \rho_v}{\rho_v}\right)^{0.9} \times 0.020\ 8\beta \sqrt{\frac{\sigma}{g(\rho_1 - \rho_v)}} \tag{3.65}$$

式中　β —— 接触角度数，默认为 $60°$。

汽泡脱离频率为

$$f_{bw} = \sqrt{\frac{4g(\rho_1 - \rho_v)}{3\rho_1 d_{bw}}} \tag{3.66}$$

成核密度为

$$N_w = 15\ 545.54\ (\Delta T_{sup})^{1.805} \tag{3.67}$$

$$\Delta T_{sup} = T_w - T_s \tag{3.68}$$

基于强制对流传热给出汽相对流传热热流密度计算式为

$$q_{wv} = h_{wv}(T_w - T_v) \tag{3.69}$$

3.7.4　表面张力模型

表面张力的出现是流体内分子间吸引力作用的结果。例如，对于水中的一个汽泡，在汽泡内分子上的合力为 0。然而表面上合力的方向是向心方向，整个球面上力的径向分量的综合作用使表面收缩，从而增大表面凹侧压力。考虑到表面张力仅作用在表面上，要维持受力平衡，需要通过表面上离心的压力梯度力平衡分子间的向心吸引力。对于三角形或四面体非结构化网格，表面张力效应的计算精度要低于四边形或六面体结构化网格的精度。因此对于表面张力影响显著的区域应该采用四边形或六面体结构化网格的划分方法，这与本书采用的六面体结构化网格系统相一致。

目前应用较为广泛的表面张力模型主要有两种：连续表面力模型（Continuum Surface Force model，CSF 模型）和连续表面应力模型（Continuum Surface Stress model，CSS 模型）。CSF 模型由 Brackbill 等提出，通过对表面张力为常数的情况进行研究，认为汽液相界面上受到的力为法向力。由此可知汽液相界面两侧流体压差取决于表面张力系数和由正交方向上测得的两个表面曲率半径，具体表达如下：

$$p_2 - p_1 = \sigma\left(\frac{1}{R_1} + \frac{1}{R_2}\right) \tag{3.70}$$

式中 p_1 —— 界面一侧流体的压力，Pa；

p_2 —— 界面另一侧流体的压力，Pa；

R_1 —— 正交方向一个半径上测得的表面曲率半径，m；

R_2 —— 正交方向另一个半径上测得的表面曲率半径，m。

进一步将 CSF 模型公式化，通过界面法向表面上的局部梯度计算表面曲率。定义表面法向为第 q 相体积分数的梯度，即

$$\boldsymbol{n}_q = \nabla\beta_q \tag{3.71}$$

式中 $\boldsymbol{n}_q$ —— 第 q 相表面法向向量；

β_q —— 第 q 相体积分数。

曲率 κ 按照单位法向方向 $\hat{\boldsymbol{n}}$ 的散度定义：

$$\kappa_q = \nabla \cdot \hat{\boldsymbol{n}}_q \tag{3.72}$$

$$\hat{\boldsymbol{n}}_q = \frac{\boldsymbol{n}_q}{|\boldsymbol{n}_q|} \tag{3.73}$$

表面上的力可以表达为基于散度原理的体积力：

$$\boldsymbol{F}_{\text{vol}} = \sum_{\text{pairs}ij,\,i<j} \sigma_{ij} \frac{\beta_i\rho_i\kappa_j\,\nabla\beta_j + \beta_j\rho_j\kappa_i\,\nabla\beta_i}{\frac{1}{2}(\rho_i + \rho_j)} \tag{3.74}$$

该表达式允许在具有多个相的单元附近力的平滑叠加。如果一个单元上只有两相，则 $\kappa_i = -\kappa_j$，$\nabla\beta_i = -\nabla\beta_j$。

可以将上式（3.74）简化为下面的方程：

$$\boldsymbol{F}_{\text{vol}} = \sum_{\text{pairs}ij,\,i<j} \sigma_{ij} \frac{\rho\kappa_i\,\nabla\beta_i}{\frac{1}{2}(\rho_i + \rho_j)} \tag{3.75}$$

$$\rho = \sum \beta_q \rho_q \tag{3.76}$$

该式表明单元上的表面张力与平均密度成正比。

CSS 模型是模拟表面张力的另一种可供选择的方法,基于守恒形式提出。与 CSF 模型的非守恒公式计算不同,CSS 模型避免了曲率的显式计算,将其表达为基于表面应力的模拟毛细作用力的各向异性变体。

CSS 模型中表面应力张量表达如下:

$$\mathbf{ST} = \sigma \left[\mathbf{I} - (\hat{\mathbf{n}} \otimes \hat{\mathbf{n}}) \right] |\mathbf{n}| \tag{3.77}$$

$$\mathbf{n} = \nabla \beta \tag{3.78}$$

$$\hat{\mathbf{n}} = \frac{\mathbf{n}}{|\mathbf{n}|} \tag{3.79}$$

式中　　σ —— 表面张力系数;

　　　　$\mathbf{n}$ —— 体积分数梯度。

$$\mathbf{ST} = \sigma \left[|\nabla \beta| \mathbf{I} - \frac{(\nabla \beta) \otimes (\nabla \beta)}{|\nabla \beta|} \right] \tag{3.80}$$

表面上的力表达如下:

$$\mathbf{F}_{\mathrm{CSS}} = \nabla \cdot \mathbf{ST} \tag{3.81}$$

通过对 CSF 模型与 CSS 模型进行对比可以发现:针对界面压力梯度和表面张力的不平衡现象,这两个模型都考虑了寄生电流;但是涉及变表面张力时,CSS 模型要比 CSF 模型多出一些优势,具体描述如下。

CSF 模型中表面张力以非守恒形式表达为

$$\mathbf{F}_{\mathrm{CSF}} = \sigma \kappa \nabla \beta \tag{3.82}$$

该表达式仅对定表面张力进行了验证。如果将 CSF 模型用于变表面张力,需要在表面张力梯度基础上额外考虑界面切向方向的源项。

CSS 模型中的表面张力以守恒形式表达为

$$\mathbf{F}_{\mathrm{CSS}} = \nabla \cdot \left\{ \sigma \left[|\nabla \beta| \mathbf{I} - \frac{(\nabla \beta) \otimes (\nabla \beta)}{|\nabla \beta|} \right] \right\} \tag{3.83}$$

由于 CSS 模型不需要针对曲率进行显式计算,因此它在形状变化剧烈的较难求解区域表现更自如,并且模拟变表面张力时由于守恒形式的原因,不需要增加额外的源项。

3.7.5 湍流模型

根据给定的质量流量及物理模型计算发现,所研究的直管式直流蒸汽发生器一次侧、二次侧流体流动形式均为湍流流动。目前对于流体的流动与传热计算已经发展了较为成熟的湍流模型,其中 $k-\varepsilon$ 模型对于单相流具有较高的精度,但当其用于预测多相流时,对充分发展湍流区压降的预测偏低。而 $k-\omega$ 湍流模型能够准确预测压降,并且能够很好地处理壁面附近的湍流边界层。因此采用 $k-\omega$ 湍流模型模拟直管式直流蒸汽发生器的湍流流动:

$$\frac{\partial}{\partial t}(\rho_{cm}k) + \frac{\partial}{\partial x_j}(\rho_{cm}ku_{j,m}) = \frac{\partial}{\partial x_j}\left(\Gamma_{k,m}\frac{\partial k}{\partial x_j}\right) + G_{k,m} - Y_{k,m} + \Pi_{k_m} \tag{3.84}$$

$$\frac{\partial}{\partial t}(\rho_{cm}\omega) + \frac{\partial}{\partial x_j}(\rho_{cm}\omega u_{j,m}) = \frac{\partial}{\partial x_j}\left(\Gamma_{\omega,m}\frac{\partial \omega}{\partial x_j}\right) + G_{\omega,m} - Y_{\omega,m} + \Pi_{\omega_m} \tag{3.85}$$

$$\rho_{cm} = \sum_i \beta_i \rho_i \tag{3.86}$$

$$u_{j,m} = \frac{\sum_i \beta_i \rho_i u_j}{\sum_i \beta_i \rho_i} \tag{3.87}$$

式中　　k —— 湍动能,$\mathrm{m^2/s^2}$;

$\quad\quad u_{j,m}$ —— 雷诺时均速度,$\mathrm{m/s}$;

$\quad\quad \omega$ —— 特定耗散率,$\mathrm{s^{-1}}$。

（1）有效扩散率。

$$\Gamma_{k,m} = \mu_{cm} + \frac{\mu_{t,m}}{\sigma_k} \tag{3.88}$$

$$\Gamma_{\omega,m} = \mu_{cm} + \frac{\mu_{t,m}}{\sigma_\omega} \tag{3.89}$$

$$\mu_{t,m} = \alpha^* \frac{\rho_{cm}k}{\omega} \tag{3.90}$$

$$\alpha^* = \frac{0.024 + \rho_{cm}k/(6\mu_{cm}\omega)}{1 + \rho_{cm}k/(6\mu_{cm}\omega)} \tag{3.91}$$

$$\mu_{cm} = \sum_i \beta_i \mu_i \tag{3.92}$$

式中　　σ_k —— 湍动能的湍流普朗特数;

σ_ω——特定耗散率的湍流普朗特数；

下标 t——湍流。

（2）生成项。

$$G_{k,\mathrm{m}} = -\rho \overline{u'_{i,\mathrm{m}} u'_{j,\mathrm{m}}} \frac{\partial u_{j,\mathrm{m}}}{\partial x_i} \tag{3.93}$$

$$G_{\omega,\mathrm{m}} = \zeta \frac{\omega}{k} G_{k,\mathrm{m}} \tag{3.94}$$

式中 ζ ——常数，对于高 Re，$\zeta = 1$。

（3）耗散项。

$$Y_{k,\mathrm{m}} = 0.09 \rho_{\mathrm{cm}} \left\{ \frac{4/15 + [\rho_{\mathrm{cm}} k/(8\mu_{\mathrm{cm}}\omega)]^4}{1 + [\rho_{\mathrm{cm}} k/(8\mu_{\mathrm{cm}}\omega)]^4} \right\} f_{\beta^*} k\omega \tag{3.95}$$

$$Y_{\omega,\mathrm{m}} = 0.072 \rho_{\mathrm{cm}} f_\beta \omega^2 \tag{3.96}$$

$$f_{\beta^*} = \begin{cases} 1, & \dfrac{1}{\omega^3} \dfrac{\partial k}{\partial x_j} \dfrac{\partial \omega}{\partial x_j} \leqslant 0 \\[3mm] \dfrac{1 + 680 \left(\dfrac{1}{\omega^3} \dfrac{\partial k}{\partial x_j} \dfrac{\partial \omega}{\partial x_j} \right)^2}{1 + 400 \left(\dfrac{1}{\omega^3} \dfrac{\partial k}{\partial x_j} \dfrac{\partial \omega}{\partial x_j} \right)^2}, & \dfrac{1}{\omega^3} \dfrac{\partial k}{\partial x_j} \dfrac{\partial \omega}{\partial x_j} > 0 \end{cases} \tag{3.97}$$

$$f_\beta = \frac{1 + 70 \left| \Omega_{ij} \Omega_{jk} S_{ki} / (0.09\omega)^3 \right|}{1 + 80 \left| \Omega_{ij} \Omega_{jk} S_{ki} / (0.09\omega)^3 \right|} \tag{3.98}$$

$$\Omega_{ij} = \frac{1}{2} \left(\frac{\partial u_{i,\mathrm{m}}}{\partial x_j} - \frac{\partial u_{j,\mathrm{m}}}{\partial x_i} \right) \tag{3.99}$$

$$S_{ki} = \frac{1}{2} \left(\frac{\partial u_{i,\mathrm{m}}}{\partial x_k} + \frac{\partial u_{k,\mathrm{m}}}{\partial x_i} \right) \tag{3.100}$$

式中 Ω_{ij} ——旋转张量分量，s^{-1}；

S_{ki} ——变形速率张量分量，s^{-1}。

（4）相间湍流作用项。

$$\Pi_{k_\mathrm{m}} = 0.75 K_{pq} \left| \boldsymbol{U}_\mathrm{p} - \boldsymbol{U}_\mathrm{q} \right|^2 \tag{3.101}$$

$$\Pi_{\omega_\mathrm{m}} = 1.35 \frac{C_\mathrm{D} \left| \boldsymbol{U}_\mathrm{p} - \boldsymbol{U}_\mathrm{q} \right|}{d_\mathrm{p}} \Pi_{k_\mathrm{m}} \tag{3.102}$$

3.7.6 近壁区区域处理方法

传热管壁面附近的湍流流动与主流区存在很大不同，其速度场也发生改变。在近壁处,黏性阻尼和运动阻尼分别降低切向速度和法向波动。如图3.2所示,在除近壁处以外的其他区域,由于大的平均速度变化率引起湍动能的产生,因此湍流急剧增强。壁面是湍流和平均涡度的主要来源,它对近壁函数模型在数值模拟过程中的准确性具有不容忽视的作用。所以,为达到准确预测湍流流动的目的,必须准确地描述近壁处的流动。其处理方法是将近壁区分成3层:最内层为黏性底层,层流占主要部分;之后是过渡层;最外层是湍流充分发展层(也称对数律层)。图3.3的半对数坐标图内示意性地给出了上述的3个分层。

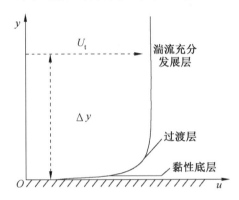

图 3.2　近壁区流速分布

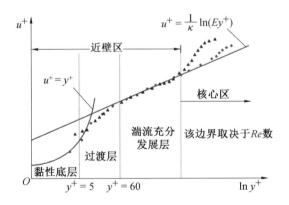

图 3.3　壁面区流速分层结构

目前传统的近壁区区域数值处理方法主要有两种。一是壁面函数法,但该方法不求解受黏度影响的内部区域(黏性底层和过渡层),而是采用半经验公式(即壁面函数)桥接壁面和湍流充分发展层之间受黏度影响的区域。这种方法排除了通过求解湍流方程来解释壁面存在的必要性,理论上需要将第一层网格节点布置在湍流充分发展层内,可以使用高 Re 湍流模型。二是壁面模化法,该方法通过修改湍流模型求解包括黏性底层在内的受黏度影响的近壁区,通常需要在壁面附近布置较多的网格节点,湍流模型在整个近壁区都有效。图 3.4 为以上两种传统方法的原理。

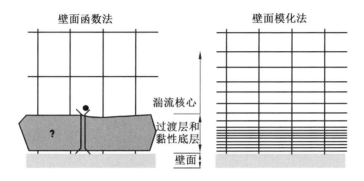

图 3.4　近壁区区域数值处理方法的原理

考虑到壁面函数法的主要缺点是如果对壁面法向方向进行网格细化,将不能保证数值模拟的准确性,特别是 $y^+ < 15$ 后壁面剪切应力和壁面传热逐渐出现极大的误差。基于此,目前通过采取更先进的壁面公式对其进行改进,以保证无论是否对网格进行细化都不会影响计算结果。在 $k - \omega$ 湍流模型中,通过黏性底层对 ω 方程进行积分。该特征通过协调基于 y^+ 的黏性底层和湍流充分发展层公式实现了对 y^+ 不敏感的壁面处理。对于壁面处动量、能量和湍流量方程的增强处理如下。

（1）动量。

$$u^+ = e^\tau u^+_{\text{lam}} + e^{1/\tau} u^+_{\text{turb}} \tag{3.103}$$

$$\tau = -\frac{a\,(y^+)^4}{1 + by^+} \tag{3.104}$$

$$\frac{\mathrm{d}u^+}{\mathrm{d}y^+} = e^\tau \frac{\mathrm{d}u^+_{\text{lam}}}{\mathrm{d}y^+} + e^{1/\tau} \frac{\mathrm{d}u^+_{\text{turb}}}{\mathrm{d}y^+} \tag{3.105}$$

$$y^+ = \frac{\rho y}{\mu} \sqrt{\frac{\tau_w}{\rho}} \tag{3.106}$$

$$\frac{\mathrm{d}u^+_{\text{turb}}}{\mathrm{d}y^+} = \frac{1}{\kappa y^+} \left\{ S'\left[1 - \beta u^+ - \gamma\,(u^+)^2\right] \right\}^{\frac{1}{2}} \tag{3.107}$$

$$\frac{\mathrm{d}u_{\mathrm{lam}}^+}{\mathrm{d}y^+} = 1 + \alpha y^+ \tag{3.108}$$

$$\alpha = \frac{\mu}{\rho^2 (u^*)^3} \frac{\mathrm{d}p}{\mathrm{d}x} \tag{3.109}$$

$$\beta = \frac{Pr_{\mathrm{w}} q_{\mathrm{w}}}{\rho c_p u^* T_{\mathrm{w}}} \tag{3.110}$$

$$\gamma = \frac{0.89 (u^*)^2}{2 c_p T_{\mathrm{w}}} \tag{3.111}$$

$$S' = \begin{cases} 1 + \alpha y^+, & y^+ < y_s^+ \\ 1 + \alpha y_s^+, & y^+ \geqslant y_s^+ \end{cases} \tag{3.112}$$

$$u^* = C_\mu^{1/4} k_p^{1/2} \tag{3.113}$$

式中　u_{lam}^+ —— 层流无量纲速度；

u_{turb}^+ —— 湍流无量纲速度；

Υ —— 协调函数；

a —— 常数，0.01；

b —— 常数，5；

y —— 离开壁面的距离，m；

y_s^+ —— 湍流充分发展层所在位置，默认值为 60；

κ —— 常数，0.418 7；

C_μ —— 常数，0.084 5；

Pr_{w} —— 壁面温度下的普朗特数；

k_p —— 单元网格湍动能，$\mathrm{m}^2/\mathrm{s}^2$。

（2）能量。

$$T^+ = \mathrm{e}^\Upsilon T_{\mathrm{lam}}^+ + \mathrm{e}^{1/\Upsilon} T_{\mathrm{turb}}^+ \tag{3.114}$$

$$\Upsilon = -\frac{a (Pr y^+)^4}{1 + b Pr^3 y^+} \tag{3.115}$$

$$T_{\mathrm{lam}}^+ = Pr \left(u_{\mathrm{lam}}^+ + \frac{\rho u^*}{2q} u^2 \right) \tag{3.116}$$

$$T_{\mathrm{turb}}^+ = Pr_{\mathrm{t}} \left\{ u_{\mathrm{turb}}^+ + P + \frac{\rho u^*}{2q} \left[u^2 + \left(\frac{Pr}{Pr_{\mathrm{t}}} - 1 \right) (u_c^+)^2 (u^*)^2 \right] \right\} \tag{3.117}$$

式中　u_c^+ —— 层流区和湍流区间虚构的交界处的无量纲速度；

Pr_t —— 湍流普朗特数。

P 通过下式进行计算：

$$P = 9.24\left[\left(\frac{Pr}{Pr_t}\right)^{3/4} - 1\right](1 + 0.28e^{-0.007Pr/Pr_t}) \tag{3.118}$$

（3）湍流量。

$k-\omega$ 模型求解了 k 方程的所有区域。壁面处 k 的边界条件为：$\partial k/\partial n = 0$，其中 n 代表壁面外法线。G_k 是由动能引起的，为 k 方程的源项。当研究近壁处的控制体时，通常将 k 的生成项和其耗散率取为同一值。因此，基于对数法则的 k 的生成项计算如下：

$$G_k \approx \tau_w \frac{\partial U}{\partial y} = \tau_w \frac{\tau_w}{\kappa \rho C_\mu^{1/4} k_p^{1/2} y_p} \tag{3.119}$$

式中　τ_w —— 壁面剪切力，Pa。

k 的耗散率 ω_p 通过下式计算：

$$\omega_p = \frac{C_\mu^{3/4} k_p^{3/2}}{\kappa y_p} \tag{3.120}$$

式中　y_p —— 单元网格与传热管束壁面间的距离，m。

使用该方法可以容易地对充分发展湍流规律进行修改和扩展，以考虑压力梯度和变物性等的影响。同时该方法对于大 y^+ 值和小 y^+ 值均能保证正确的渐进行为，即对 y^+ 值不敏感。因此采用这种对 y^+ 值不敏感的增强壁面处理方法可实现近壁区的数值模拟。值得注意的是，式（3.108）中只通过系数 α 考虑压力梯度的影响，没有考虑由于层流壁面处的传热和压缩引起的物性参数的变化，这是因为后者的影响相对前者很小。

3.7.7　支撑板引起的阻力模型

目前大多数研究工作为简化研究过程，暂时没有考虑支撑板对二次侧蒸干及蒸干后传热的影响。直流蒸汽发生器壳侧需要安装支撑板以防止传热管束发生大的偏移和变形，二次侧间隔布置的支撑板将改变二次侧流场，进而影响到三流场各自的流动与传热过程以及流场间的相互作用。因此考虑由支撑板引起的阻力变化，对上述基于光滑几何通道的控制方程进行修正，实现考虑支撑板时直管式直流蒸汽发生器二次侧流动与传热的数值模拟。

$$\Delta p_{TSP} = -\left(\frac{\mu_{TSP}}{\xi}\frac{G}{\rho_1} + C\frac{G^2}{2\rho_1}\right) \cdot \delta_{TSP} \cdot \varphi^2 \tag{3.121}$$

$$\varphi^2 = (1-\alpha)^{\frac{n-5}{2}} \tag{3.122}$$

式中　　Δp_{TSP}——支撑板引起的压降；

　　　　μ_m——汽液混合物动力黏度，Pa·s；

　　　　ξ——渗透率，m^2；

　　　　C——惯性损失系数；

　　　　δ_{TSP}——支撑板厚度，m；

　　　　φ^2——两相压降倍率；

　　　　n——与 Re 有关的小于 1 的常数。

本章参考文献

[1] 俞冀阳，贾宝山. 反应堆热工水力学[M]. 北京：清华大学出版社，2003.

[2] 徐济鋆. 沸腾传热和汽液两相流[M]. 北京：原子能出版社，2001.

[3] 林瑞泰. 沸腾换热[M]. 北京：科学出版社，1988.

[4] 阎昌琪. 气液两相流[M]. 哈尔滨：哈尔滨工程大学出版社，2010.

[5] LI H, ANGLART H. Modeling of annular two-phase flow using a unified CFD approach[J]. Nuclear Engineering and Design, 2016, 303: 17-24.

[6] 张师帅. 计算流体动力学及其应用[M]. 武汉：华中科技大学出版社，2011.

[7] 杨世铭，陶文铨. 传热学[M]. 4 版. 北京：高等教育出版社，2006.

[8] FERNG Y M, MA Y, KANG J C. Thermal-hydraulic simulation of localized flow characteristics in a steam generator[J]. Nuclear Technology, 2001, 136 (2): 186-196.

[9] FERNG Y M, CHANG H J. CFD investigating the impacts of changing operating conditions on the thermal-hydraulic characteristics in a steam generator[J]. Applied Thermal Engineering, 2008, 28(5): 414-422.

[10] FERNG Y. Investigating the distribution characteristics of boiling flow and released nuclide in the steam generator secondary side using CFD methodology[J]. Annular of Nuclear Energy, 2007, 34: 724-731.

[11] PAKALA V K C, PLUMB O A. The two-phase zone and dry-out condition for porous surfaces[J]. International Journal of Heat and Mass Transfer, 2013, 59: 198-205.

[12] WEISMAN J, PEI B S. Prediction of critical heat flux in flow boiling at low qualities[J]. International Journal of Heat and Mass Transfer, 1983, 26(10): 1463-1477.

[13] NISHIMURA T, OHORI Y, KAWAMURA Y. Flow characteristics in a channel with symmetric wavy wall for steady flow [J]. Journal of Chemical Engineering of Japan, 1984, 17(5): 466-471.

[14] CHANDRSKER D K, NAYAK A K, VIJAYAN P K. Effect of spacer on the dryout of BWR fuel rod assemblies[J]. Nuclear Engineering and Design, 2015, 294: 262-273.

[15] LI H, ANGLART H. CFD model of diabatic annular two-phase flow using the Eulerian-Lagrangian approach[J]. Annals of Nuclear Energy, 2015, 77: 415-424.

[16] DASGUPTA A, CHANDRAKER D K, VIJAYAN P K. SCADOP: phenomenological modeling of dryout in nuclear fuel rod bundles[J]. Nuclear Engineering and Design, 2015, 293: 127-137.

[17] GUO Y, MISHIMA K. A non-equilibrium mechanistic heat transfer model for post-dryout dispersed flow regime[J]. Experimental Thermal and Fluid Science, 2002, 26(6): 861-869.

[18] ANGLART H, LI H, NIEWINSKI G. Mechanistic modelling of dryout and post-dryout heat transfer[J]. Energy, 2018, 161: 352-360.

[19] HSU Y Y. On the size range of active nucleation cavities on a heating surface[J]. Journal of Heat Transfer, 1962, 84(3):207-213.

[20] BERGLES A E, ROHSENOW. The determination of forced convection surface boiling heat transfer [J]. Journal of Heat Transfer, 1964, C86: 365.

[21] BOWRING R W. Physical model based on bubble detachment and calculation of steam voidage in the subcooled region of a heated channel [R]. Halden: Institutt for Atomenergi, 1962.

[22] HAN C Y, GRIFFITH P. The mechanism of heat transfer in nucleate pool boiling—Part I: bubble initiation, growth and departure [J]. International Journal of Heat Mass Transfer, 1965, 8: 887.

[23] LEVY S. Forced convection subcooled boiling prediction of vapour volumetric fraction [J]. International Journal of Heat Mass Transfer, 1967, 10: 951-965.

[24] SAHA P, ZUBER N. Point of net vapour generation and vapour void fraction in subcooled boiling[C]. Atlanta: 5th International Heat Transfer Conference, 1974.

[25] JAYANTI S, VALETTE M. Prediction of dryout and post-dryout heat transfer at high pressures using a one-dimensional three-fluid model[J]. International Journal of Heat and Mass Transfer, 2004, 47 (22): 4895-4910.

[26] SAITO T, HUGHES E D, CARBON M W. Multi-fluid modeling of annular two-phase flow[J]. Nuclear Engineering and Design, 1978, 50 (2): 225-271.

[27] STEVANOVIC V, STUDOVIC M. A simple model for vertical annular and horizontal stratified two-phase flows with liquid entrainment and phase transitions: one-dimensional steady state conditions[J]. Nuclear Engineering and Design, 1995, 154(3): 357-379.

[28] THURGOOD M J. COBRA/TRAC—A thermal-hydraulics code for transient analysis of nuclear reactor vessels and primary coolant systems:

equations and constitutive models［M］. Washington D. C. ：Nuclear Regulatory Commission，1983.

［29］ KOLEV N I. Multiphase flow dynamics 2：thermal and mechanical interactions［M］. Berlin：Springer，2005.

［30］ MORAGA F J, BONETTO R T, LAHEY R T. Lateral forces on spheres in turbulent uniform shear flow［J］. International Journal of Multiphase Flow，1999，25：1321-1372.

［31］ BIRD R B, STEWART W E, LIGHTFOOT E N. Lectures in transport phenomena［M］. New York：Wiley，1969.

［32］ TENTNER A，LO S，KOZLOV V. Advances in computational fluid dynamics modeling of two-phase flow in a boiling water reactor fuel assembly［C］. Miami，Florida：International Conference on Nuclear Engineering，2006.

［33］ VALLE V H D, KENNING D B R. Subcooled flow boiling at high heat flux［J］. International Journal of Heat and Mass Transfer，1985，28(10)：1907-1920.

［34］ ANSYS. ANSYS 18. 0 Fluent theory guide［M］. Canonsburg，PA，USA：ANSYS，2017.

［35］ KOCAMUSTAFAOGULLARI G，ISHII M. Interfacial area and nucleation site density in boiling systems［J］. International Journal of Heat and Mass Transfer，1983，26(9)：1377-1387.

［36］ COLE R. A photographic study of pool boiling in the region of the critical heat flux［J］. AIChE Journal，1960，6：533-542.

［37］ LEMMERT M，CHAWLA L M. Influence of flow velocity on surface boiling heat transfer coefficient in heat transfer in boiling［M］. New York：Academic Press and Hemisphere，1977.

［38］ BRACKBILL J U, KOTHE D B, ZEMACH C. A Continuum method for modeling surface tension［J］. Journal of Computational Physics，1992，

100(2): 335-354.

[39] GUEYFFIER D, LI J, NADIM A, et al. Volume-of-fluid interface tracking with smoothed surface stress methods for three-dimensional flows[J]. Journal of Computational Physics, 1999, 152(2): 423-456.

[40] KEKAULA K, CHEN K, MA T, et al. Numerical investigation of condensation in inclined tube air-cooled condensers[J]. Applied Thermal Engineering, 2017, 118: 418-429.

[41] GETACHEW D, MINKOWYCZ W, LAGE J. A modified form of the model for turbulent flows of an incompressible fluid in porous media[J]. International Journal of Heat Mass Transfer, 2000, 43: 2909-2915.

[42] MENTER F R. Two-equation eddy-viscosity turbulence models for engineering applications[J]. AIAA Journal, 1994, 32: 269-289.

[43] PIAZZA I D, CIOFALO M. Numerical prediction of turbulent flow and heat transfer in helically coiled pipes[J]. International Journal of Thermal Sciences, 2010, 49(4): 653-663.

[44] WILCOX D C. Turbulence modeling for CFD[M]. La Canada, California: DCW Industries, 1998.

[45] CONG T, TIAN W, QIU S, et al. Study on secondary side flow of steam generator with coupled heat transfer from primary to secondary side[J]. Applied Thermal Engineering, 2013, 61(2): 519-530.

[46] AYUKAI T, KANAGAWA T. Derivation and stability analysis of two-fluid model equations for bubbly flow with bubble oscillations and thermal damping[J]. International Journal of Multiphase Flow, 2023, 165: 104456.

[47] KAWAME T, KANAGAWA T. Weakly nonlinear propagation of pressure waves in bubbly liquids with a polydispersity based on two-fluid model equations[J]. International Journal of Multiphase Flow, 2023, 164: 104369.

[48] MALIKOV Z M. Mathematical model of turbulent heat transfer based on the dynamics of two fluids[J]. Applied Mathematical Modelling, 2020,

91:186-213.

[49] NIU Y H,HE Y N,QIU B W,et al. An effective method for modeling 1D two-phase two-fluid six-equation model with automatic differentiation approach[J]. Progress in Nuclear Energy,2022,151:104325.

[50] YANG B W,ANGLART H,HAN B,et al. Progress in rod bundle CHF in the past 40 years[J]. Nuclear Engineering and Design,2021,376:111076.

第 4 章

管内汽液两相流动与传热

本章首先给出管内汽液两相流动与传热过程中不同类型管（竖直管、螺旋管）内的蒸干标准（临界液膜厚度/流率、临界热流密度及临界质量含汽率），基于此并结合直流蒸汽发生器实际运行特性，对描述蒸干前环状流域液膜强制对流蒸发区的两流体三流场数学模型中的蒸干标准进行改进，再进一步分别对竖直上升加热管内的蒸干及蒸干后传热特性、螺旋管内的汽液两相流动与传热规律及非均匀分布特性、内螺纹管内的汽液两相流动与传热过程进行数值模拟研究。

蒸干通常发生在流动沸腾过程的后期,即发生在高质量含汽率区。当核心连续蒸汽将壁面处连续环状液膜撕裂为离散液滴时,壁面直接和蒸汽接触,传热性能急剧恶化,热流密度迅速减小,蒸干发生。

值得注意的是,蒸干标准是用于判断蒸干发生与否的一个关键参数,公开文献中根据研究对象、研究手段的不同,采用不同的蒸干标准。实验研究通常以壁面温度的轴向变化率为蒸干标准,数值研究通常以临界液膜厚度 / 流率、临界热流密度及临界质量含汽率为蒸干标准。这里需要指出的是,数值研究中采用的临界液膜厚度 / 流率、临界热流密度及临界质量含汽率均为基于实验提出的经验关联式。由于液膜厚度 / 流率的测量与计算都非常困难,因此与此相关的公开数据极其有限。目前已公开发表大量临界热流密度和临界质量含汽率的实验数据,用以预测蒸干。考虑到蒸干传热恶化发生的直接诱因是较高的质量含汽率促使连续环状液膜被撕裂,并且热流密度达到临界热流密度时发生的蒸干也是由于临界热流密度下的质量含汽率达到临界质量含汽率,因此在两流体三流场数学模型中采用临界质量含汽率作为蒸干标准。在实验过程中,当观察到壁面温度的轴向变化率突然增大时,认为蒸干发生,然后再测量相关数据并进行处理,进而得到用于判断蒸干发生的经验关联式。

4.1　不同流动通道的蒸干标准

4.1.1　竖直管内的蒸干标准

(1)临界液膜厚度 / 流率。

采用临界液膜厚度 / 流率预测蒸干发生时,首先需要确定蒸干前环状流区液膜厚度 / 流率的变化。因此,国内外学者通过大量实验提出了计算液膜厚度 / 流率的经验关联式,见表4.1。多数学者认为,当液膜厚度 / 流率接近0时会发生蒸干传热恶化现象。

表 4.1　计算液膜厚度的经验关联式

学者	经验关联式	参数范围	工质	相对误差
Ishii 和 Grolmes	$\delta = 0.347 Re_f^{2/3} \sqrt{\dfrac{\rho_l}{\tau_i}\dfrac{\mu_l}{\rho_l}}$	—	氮气—水；氦气—水	—
Hori	$\dfrac{\delta}{D} = 0.905 Re_v^{-1.45} Re_f^{0.90} Fr_v^{0.93} Fr_f^{-0.68} \left(\dfrac{\mu_l}{\mu_{l,\mathrm{ref}}}\right)^{1.06}$	内径：19.8 mm；$Re_v = 1\,500\sim85\,000$；$Re_f = 5\sim55$	空气—甘油	—
Henstock 和 Hanratty	竖直管： $\dfrac{\delta}{D} = \dfrac{6.59F}{(1+1\,400F)^{0.5}}$ 水平管： $\dfrac{\delta}{D} = \dfrac{6.59F}{(1+850F)^{0.5}}$ $F = \dfrac{1}{\sqrt{2}Re_v^{0.4}}\dfrac{Re_f^{0.50}}{Re_v^{0.50}}\dfrac{\mu_f}{\mu_v}\dfrac{\rho_v^{0.50}}{\rho_f^{0.50}}$	内径：12.8~34.5 mm；$Re_v = 5\,000\sim164\,000$；$Re_f = 35\sim4\,300$	空气—水	—
Tatterson	竖直管： $\dfrac{\delta}{D} = \dfrac{6.59F}{(1+1\,400F)^{0.5}}$	内径：12.8~34.5 mm；$Re_v = 5\,000\sim164\,000$；$Re_f = 35\sim4\,300$	多个实验数据集	±15.3%

续表 4.1

作者	经验关联式	参数范围	工质	相对误差
Tatterson	水平管： $$\frac{\delta}{D}=\frac{6.59F}{(1+850F)^{0.5}}$$ $$F=\frac{\gamma(Re_f)}{Re_v^{0.9}}\frac{\mu_f}{\mu_v}\frac{\rho_v^{0.50}}{\rho_f^{0.50}}$$ $$\gamma(Re_f)=[(0.707\,Re_f^{0.5})^{2.5}+(0.0379\,Re_f^{0.9})^{2.5}]^{0.4}$$	内径：12.8~34.5 mm；$Re_v=5\,000\sim164\,000$；$Re_f=35\sim4\,300$	多个实验数据集	±15.3%
Fukano	$$\frac{\delta}{D}=0.059\,4\exp(-0.34Fr_v^{0.25}Re_f^{0.19}x^{0.6})$$ $$x=\frac{\langle j_v\rangle\rho_v}{\langle j_v\rangle\rho_v+\langle j_f\rangle\rho_f}\rho_l$$	内径：26 mm；$Re_v=16\,800\sim84\,300$；$Re_f=1\,100\sim8\,800$	空气－水	—
McGillivray	$$\frac{\rho_f\langle j_f\rangle\delta}{\mu_f}=39\,Re_f^{0.2}\cdot\frac{1-x}{x}\left(\frac{\rho_v}{\rho_l}\right)^{0.5}$$	内径：9.5 mm。 空气－水： $v_l=0.076\sim0.315$ m/s； $v_v=13.0\sim29.4$ m/s。 氦气－水： $v_l=0.098\sim0.312$ m/s； $v_v=22.2\sim62.4$ m/s	空气－水；氦气－水	—

续表 4.1

作者	经验关联式	参数范围	工质	相对误差
Berna	$\dfrac{\delta}{D}=7.165\,Re_v^{-1.07}\,Re_f^{0.48}\left(\dfrac{Fr_v}{Fr_f}\right)^{0.24}$	内径:9.5～50.8 mm; $Re_v=48\,500\sim182\,000$; $Re_f=1\,000\sim10\,200$	多个实验数据集	—
Ju	$\dfrac{\delta}{D}=0.071\tan h(14.22We_f^{0.24}We_v''^{-0.47}N_{\mu f}^{0.21})$ $We_f=\dfrac{\rho j_f^2 D}{\sigma}$ $We_v''=\dfrac{\rho_v j_v^2 D}{\sigma}\left(\dfrac{\Delta\varrho}{\rho_g}\right)^{1/4}$ $N_{\mu f}=\dfrac{\mu f}{\sqrt{\rho f\sigma}\sqrt{\dfrac{\sigma}{g\Delta\rho}}}$	内径:9.4～31.8 mm; $Re_v=2\,000\sim150\,500$; $Re_f=285\sim25\,300$	多个实验数据集	—

（2）临界热流密度。

临界热流密度（Critical Heat Flux，CHF）是指在加热壁面温度飞升导致烧毁前，壁面所能承受的最大热流密度。CHF 在流动沸腾过程中通常分为两类，即偏离核态沸腾 CHF 和蒸干 CHF。当壁面热流密度突然增大导致流道出口壁面形成汽膜、出口处壁面温度开始飞升时，意味着偏离核态沸腾的发生，对应的CHF 值即为偏离核态沸腾 CHF；当缓慢增大壁面热流密度，观察到流道出口处壁面温度开始飞升时，意味着蒸干传热恶化现象的发生，对应的 CHF 值即为蒸干 CHF。蒸干 CHF 远低于偏离核态沸腾 CHF。因此，对于工程中可能发生烧毁的设备，研究偏离核态沸腾 CHF 更具意义，目前有关 CHF 的研究也主要以偏离核态沸腾 CHF 为主。对于第二类沸腾危机——蒸干传热恶化现象，更多关注其发生时的临界质量含汽率、临界液膜厚度 / 流率以及由此引发的传热恶化和应力应变规律。偏离核态沸腾 CHF 的主要经验关联式见表 4.2。

表 4.2　偏离核态沸腾 CHF 的主要经验关联式

学者	经验关联式	参数范围	工质	相对误差
Collier J G	$$(q_{max})_{crit}(z) = \dfrac{A + B\Delta h_{in}/h_{fg}}{f(z) + (B\pi D_{cl\text{-}out}C/h_{fg})\int_0^z f(z)\mathrm{d}z}$$ $$C = \begin{cases} \dfrac{1}{G_{sub}A_{sub}} & \text{（子通道）} \\ \dfrac{N}{GA} & \text{（平均流）} \end{cases}$$	—	—	—
Kirby	$q_{crit} = Y_1 G^{Y_2} D^{Y_3} - Y_4 G^{Y_5} D^{Y_6} X(z)$	—	—	—
Macbeth	$q_{crit} \times 10^{-6} = \dfrac{A + B\Delta h_{in}}{C + z}$	—	—	—
Barnett	$q_{crit} \times 10^{-6} = \dfrac{A(h_{fg}/649) + B\Delta h_{in}}{C + z}$	—	—	—

续表 4.2

学者	经验关联式	参数范围	工质	相对误差
Hench-Levy	对于 $p = 6.894\ 8$ MPa 情形：$$q_{crit} = \begin{cases} 1.0,\ x(z) < x_{lim1} \\ 1.9 - 3.3x(z) - 0.7\tan h^2(3G), \\ \qquad x_{lim1} \leqslant x(z) < x_{lim2} \\ 0.6 - 0.7x(z) - 0.09\tan h^2(2G), \\ \qquad x(z) \geqslant x_{lim2} \end{cases}$$ $$x_{lim1} = 0.273 - 0.212\tan h^2(3G)$$ $$x_{lim2} = 0.5 - 0.269\tan h^2(3G) + 0.0346\tan h^2(2G)$$ 对于 $p > 6.894\ 8$ MPa 情形：$$q_{crit} = q_{(6.894\ 8)}\left[1.1 - 0.1\left(\frac{p - 600}{400}\right)^{1.25}\right]$$	—	—	—
Condie 和 Bengston correlation	$$q_{crit} = \frac{25.487\ (G/1\ 356)^{0.177\ 5\ln\ (x+1)}}{(x+1)^{3.390\ 6}0.535\ 6p^{0.323\ 4}\text{RPF}^{1.053}}$$	—	—	—
Reddy 和 Fighetti Correlation	$$q_{crit} = \frac{A_0 - x_{in}}{C_0F_SF_{NU} + [(x(z) - x_{in})/q(z)]}$$ $$F_S = 1.3 - 0.3K_P$$ $$F_{NU} = 1 + \frac{Y - 1}{1 + G}$$	—	—	—

（3）临界质量含汽率（蒸干质量含汽率）。

相关领域学者已经提出了大量计算蒸干质量含汽率的经验关联式，但其预测结果与准确性有相当大的不同。下面给出部分常用的蒸干质量含汽率经验关联式，见表 4.3。

表 4.3　部分常用的蒸干质量含汽率经验关联式

学者	经验关联式	参数范围（值）	工质	相对误差
Кутателадзе С С	$x_{DO}=0.3+0.7e^{-45\eta}$，$\eta=\dfrac{G\mu_l}{\sigma\rho_l}\left(\dfrac{\rho_l}{\rho_v}\right)^{\frac{1}{3}}$	$D_h=8$ mm	水	—
Морозов	$x_{DO}=6.63\left(\rho\omega\right)^{-0.46}D_h^{-0.15}\left(\dfrac{\rho_v}{\rho_l-\rho_v}\right)^{-0.42}$	$p=7\sim17$ MPa；$\rho\omega=450\sim3\,000$ kg/(m²·s)	水	—
Doroshchuk	$x_{DO}=x_{e,8}\left(\dfrac{8}{D_h}\right)^{0.15}$，$x_{e,8}=\left[0.39+3.53\dfrac{p}{p_{crit}}-10.3\left(\dfrac{p}{p_{crit}}\right)^2+7.62\left(\dfrac{p}{p_{crit}}\right)^8\right]\left(\dfrac{\rho\omega}{1\,000}\right)^{-\frac{1}{2}}$	$p=9.8\sim16.66$ MPa；$\rho\omega=750\sim3\,000$ kg/(m²·s)	水	—
Seok Ho Yoon 等	$x_{DO}=0.001\,2\,Re_{fo}^{2.79}\left(1\,000Bo\right)^{0.06}Bd^{-4.76}$；全液相雷诺数：$Re_{fo}=\dfrac{GD_h}{\mu_l}$；沸腾数：$Bo=\dfrac{q}{Gh_{fv}}$；邦德数：$Bd=\dfrac{g\left(\rho_l-\rho_v\right)D_h^2}{\sigma}$	$T_s=-4\sim20$ ℃；$G=200\sim350$ kg/(m²·s)；$q=12\sim20$ kW/m²	二氧化碳	±15.3%

续表 4.3

学者	经验关联式	参数范围(值)	工质	相对误差
Leszek Wojtan 等	$x_{DO}=0.58\exp\left[0.52-0.235We_v^{0.17}Fr_{v,\text{Mori}}^{0.37}\left(\dfrac{\rho_v}{\rho_l}\right)^{0.25}\left(\dfrac{q''_H}{q_{crit}}\right)^{0.7}\right]$ 饱和蒸汽韦伯数：$We_v=\dfrac{G^2 D_{eq}}{\rho_v\sigma}$ 临界热流密度：$q''_{crit}=0.131\rho_v^{0.5}h_{lg}\left[g\sigma(\rho_l-\rho_v)\right]^{0.25}$ 当量直径：$D_{eq}=\sqrt{\dfrac{4A}{\pi}}$ 弗劳德数：$Fr_{v,\text{Mori}}=\dfrac{G^2}{\rho_v(\rho_l-\rho_v)gD_{eq}}$	$G=70\sim700$ kg/(m²·s)； $q=2\sim57.5$ kW/m²	R－22， R－410A	—
Del Col 等	$x_{DO}=0.4695\left(\dfrac{4q''_H\cdot \text{RLL}}{GD_h h_{lv}}\right)^{1.472}\left(\dfrac{G^2 D_h}{\rho_l\sigma}\right)^{0.3024}\left(\dfrac{D_h}{0.001}\right)^{0.1836}$ $\text{RLL}=\left[0.437\left(\dfrac{\rho_v}{\rho_l}\right)^{0.073}(1-p_R)^{1.239}\left(\dfrac{\rho_l\sigma}{G^2}\right)^{0.24}D_h^{0.72}\left(\dfrac{Gh_{lv}}{q''_H}\right)\right]^{1/0.96}$	$Fr>1\,500$	卤化物 制冷剂， 二氧化碳	—

4.1.2　螺旋管内的蒸干标准

与竖直管不同,螺旋管由于其特殊的几何结构,管内的汽液两相流除了受到重力、剪切力等力的作用,还会受到离心力和二次流的作用,这使得螺旋管内的蒸干规律与竖直管内的截然不同,如图 4.1 所示。在重力和离心力的双重作用下,管内的汽相将分布在内侧和上侧,所以螺旋管内的蒸干是从管内上侧的某一区域开始,随着加热的进行,蒸干区逐渐扩展至整个截面,即螺旋管内蒸干存在一个演进过程。预测螺旋管内蒸干起始点(局部蒸干),即第一蒸干含汽率的经验关联式见表 4.4。

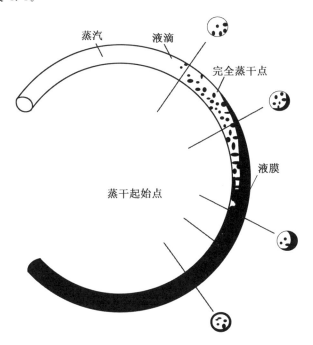

图 4.1　螺旋管内的蒸干规律

表 4.4 螺旋管第一蒸干含汽率(临界含汽率)经验关联式

学者	经验关联式	参数范围	工质	相对误差
Berthoud 和 Jayanti	重力主导区: $$x_1 = 10^{7.068}\left(\frac{\rho_l}{\rho_v}\right)^{-2.378}\left(\frac{Gd}{\mu_l}\right)^{-1.712}$$ $$\left(\frac{G}{\rho_v\sqrt{gD}}\right)^{0.967}\left(\frac{G\lambda}{d}\right)^{-0.740}$$ 再沉积主导区: $$x_1 = 3.223 + \lg\left\{\left(\frac{\rho_l}{\rho_v}\right)^{0.101}\left(\frac{Gd}{\mu_l}\right)^{-0.785}\left(\frac{G}{\rho_v\sqrt{gD}}\right)^{0.067}\right.$$ $$\left(\frac{q''}{G\lambda}\right)^{-0.43}\left[\frac{q''}{\mu_l\lambda}\sqrt{\frac{\sigma}{g(\rho_l-\rho_v)}}\right]^{0.098}$$ 夹带主导区: $$x_1 = 10^{3.235}\left(\frac{\rho_l}{\rho_v}\right)^{-0.267}\left(\frac{Gd}{\mu_l}\right)^{-0.984}\left(\frac{G}{\rho_v\sqrt{gD}}\right)^{0.950}$$ $$\left(\frac{q''}{G\lambda}\right)^{-0.428}\left[\frac{q''}{\mu_l\lambda}\sqrt{\frac{\sigma}{g(\rho_l-\rho_v)}}\right]^{0.119}$$	螺旋直径:0.133~3.3 m; 管内径:0.008~0.02 m; 压力:11~200 bar; 质量流速:100~2 000 kg/(m²·s); 热流密度:10~1 800 kW/m²; 蒸干图如图 4.2 所示	水和氟利昂	±20%

续表 4.4

学者	经验关联式	参数范围	工质	相对误差
Kyung 等	同上	螺旋直径:0.133~3.3 m; 管内径:0.008~0.02 m; 压力:10~200 bar; 质量流速:88.4~2 000 kg/(m²·s); 热流密度:10~1 800 kW/m²; 适用工质参数如图 4.3 所示的修正的蒸干图	水和氟利昂	±20%
毛宇飞、郭烈锦、白博峰等	$G<1\,000$ kg/(m²·s)时： $x_{cr}=0.052Bo^{-0.208}Re_v^{0.071}(\rho_l/\rho_v)^{0.110}$ $G>1\,000$ kg/(m²·s)时： $x_{cr}=450Bo^{-0.225}Re_v^{0.651}(\rho_l/\rho_v)^{0.225}$ 其中，$Re_v=Gd/\mu_v$（μ_v 为饱和蒸汽动力黏度，kg/(m·s)）； $Bo=q_w/(G\cdot h_{fv})$	压力:8~15 MPa; 质量流速:800~1 800 kg/(m²·s); 热流密度:200~950 kW/m²	水	±30%

注:1 bar=0.1 MPa。

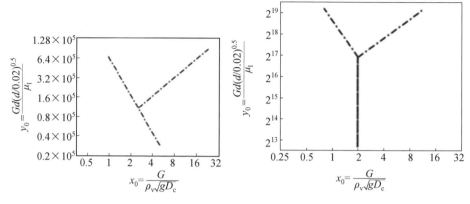

图 4.2　蒸干图（d 为管径；D_c 为螺旋直径）　　　图 4.3　修正的蒸干图

4.2　临界质量含汽率的改进方法

　　直流蒸汽发生器二次侧过冷水吸收来自于一次侧冷却剂的热量，经历核态沸腾、蒸干前环状流的连续液膜强制对流蒸发、蒸干传热恶化现象及蒸干后传热的复杂汽液两相流动沸腾过程。其中蒸干属于两种流动沸腾传热恶化现象中的一种，通常发生在流动沸腾过程的后期，也就是说发生在高质量含汽率区。当质量含汽率达到临界值时，核心连续蒸汽将壁面处连续环状液膜撕裂为离散液滴，壁面直接和蒸汽接触，传热性能急剧恶化，热流密度迅速减小，蒸干发生。

　　两流体三流场模型中默认给定的蒸干标准是常数，但是在不同运行参数下，临界质量含汽率将发生变化。此外，蒸干还与热流密度密切相关，而两流体三流场模型中采用的临界质量含汽率基于定热流密度，忽略了热流密度对蒸干的影响。因此通过对两流体三流场模型中涉及的蒸干标准（即临界质量含汽率）进行修正，使其适用于实际直流蒸汽发生器在一次侧冷却剂加热作用下二次侧发生的蒸干传热恶化现象，将模型的适用范围扩展到考虑热流密度影响的耦合传热。改进后的蒸干标准为

$$x_{DO} = m q_2^{-\frac{1}{8}} G_2^{-\frac{1}{3}} \ (d_{e,2} \times 10^3)^{-0.07} e^{n \cdot p_2} \tag{4.1}$$

式中　　q_2——二次侧热流密度，W/m^2；

　　　　G_2——二次侧流体质量流速，$kg/(m^2 \cdot s)$；

$d_{e,2}$——二次侧当量直径，m；

p_2——二次侧运行压力，MPa；

m、n——有量纲常数，保证式（4.1）为无量纲经验关联式。

式（4.1）适用范围：热流密度不大于 1.2×10^6 W/m^2，质量流速为 $200 \sim 5\,000$ kg/(m^2·s)，当量直径为 $0.004 \sim 0.032$ m。式（4.1）的误差为 $\pm 25\%$。不同压力范围内的 m 和 n 值为

$$\begin{cases} m=25.6,\ n=0.017\ 1；p=0.49 \sim 2.9\ \text{MPa} \\ m=46.0,\ n=-0.002\ 55；p=2.9 \sim 9.8\ \text{MPa} \\ m=76.5,\ n=-0.007\ 95；p=9.8 \sim 19.6\ \text{MPa} \end{cases} \tag{4.2}$$

4.3　垂直上升管内的蒸干及蒸干后传热

数值模拟是工程领域常用的手段。在进行模拟之前需要得到合适的网格数量来保证在有足够的质量及计算精度的前提下不会占用太多的资源。在计算前需要通过合适的关联式计算出蒸干标准，这是因为对于 Eulerian 多相流沸腾模型 fluent 默认的蒸干标准和实际蒸干标准不一定吻合，需要先输入命令修改默认值再进行数值模拟。分析计算结果时，空泡份额（截面含汽率）在两相流动中占据着重要地位，其在两相流动系统设计中用来预测两相流动的平均密度、重力引起的压降等，因此需要先对空泡份额进行详细分析。由于空泡份额无法通过数值模拟直接得出，故根据其定义式，先要得到主流方向体积含汽率及滑速比来计算空泡份额。在计算完空泡份额后接着对流动过程中的流体温度和内壁温度进行分析研究。

4.3.1　垂直上升管内蒸干数值模拟结果与实验结果的对比

基于第 3 章数学模型进行蒸干及蒸干后数值模拟时需要给出结构与运行参数，根据问题的不同，边界条件的选取也多种多样。针对垂直上升管内流动沸腾传热相关单值性条件选取的数值计算结构与运行参数见表 4.5。

表 4.5　数值计算结构与运行参数

参数类型		数值
结构	管长/m	7
	管内径/m	0.014 9
入口（质量流速入口）	液相质量流速/(kg・m⁻²・s⁻¹)	1 002
	液相入口温度/K	549
	汽相质量流速/(kg・m⁻²・s⁻¹)	0
	汽相入口温度/K	559.076 7
出口（压力出口）	出口参考压力/MPa	7.01
	液相出口初始温度/K	559.076 7
	汽相出口初始温度/K	559.076 7
壁面（壁面边界）	热流密度/(kW・m⁻²)	863

管子内壁温度的数值模拟结果与 Becker 实验结果对比如图 4.4 所示。为更准确地反映关键参数数值模拟结果的相对误差，表 4.6 给出了具体的误差分析。从表4.6 可以发现，飞升点位置的相对误差为 4.70%，但内壁温度飞升幅度偏高，相对误差为 12.76%。综合考虑实验误差以及实际工程中数值模拟相对误差的允许范围（±20%），可知数值模拟结果证实了垂直上升管内流动所选模型的准确性。

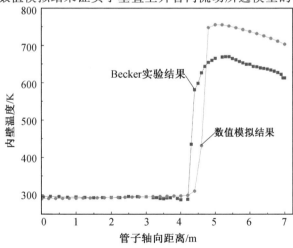

图 4.4　数值模拟结果与 Becker 实验结果对比

表 4.6　数值模拟结果误差分析

名称	Becker 实验结果	数值模拟结果	相对误差
飞升点位置	6.25 m	4.45 m	4.70%
内壁温度	669.7 K	755.17 K	12.76%

4.3.2　垂直上升管内流动沸腾数值模拟结果分析

（1）沿管长方向的空泡份额分析。

在汽液两相流动中把截面上汽相所占截面积与流道截面积的比值定义为空泡份额（截面含汽率）。空泡份额不仅在汽液两相流动的分析中至关重要，在汽液两相流动设计中对预测两相流动的平均密度也十分关键。通过对平均密度的预测可以完成对重力引起的压降的预测。此外，空泡份额还对流型等重要物理特征的判定有着重要作用。

在垂直上升管内的流动沸腾传热中，随着体积含汽率的增加，流型也在不断变化。同时流动过程还存在热力不平衡现象，因此很难用基本控制方程来计算空泡份额。对于空泡份额的计算，经大量的实验研究，目前已经有了相对简化的模型。根据空泡份额的定义，可以将其表示为滑速比及体积含汽率的函数。计算式为

$$\alpha = \cfrac{1}{1 + \cfrac{1-x}{x}\cfrac{\rho''}{\rho'}S} = \cfrac{1}{1 + \cfrac{1-\beta}{\beta}S} \tag{4.3}$$

式中　α —— 空泡份额；

　　　x —— 热力学干度；

　　　ρ'' —— 汽相密度，kg/m^3；

　　　ρ' —— 液相密度，kg/m^3；

　　　β —— 体积含汽率；

　　　S —— 滑速比。

由式（4.3）可知，在分析空泡份额之前需要先分析滑速比及体积含汽率。

图 4.5 展示的是汽液两相流速及滑速比沿管子轴向距离的变化曲线；图 4.6

展示的是滑速比及体积含汽率沿管子轴向距离的变化曲线。

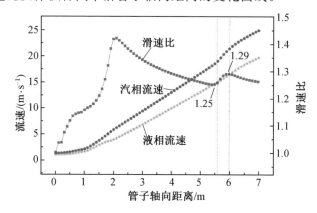

图 4.5　汽液两相流速及滑速比

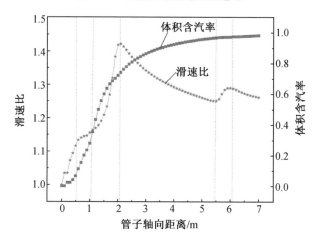

图 4.6　滑速比及体积含汽率

在图 4.5 中,随着加热的不断进行,液相流速从 1.24 m/s 增加到了 19.76 m/s;在入口段无汽体产生,汽相流速不存在。汽体从开始产生到出口处, 其流速从 1.29 m/s 增加到 24.92 m/s。从图 4.5 和图 4.6 可以看出,在 0 ～ 0.5 m 区段体积含汽率低于 0.25,汽相流速与液相流速变化都不大,但由于汽体 逐渐增多且汽液两相密度相差很大,导致滑速比不断升高。在 0.5 ～ 1 m 区段, 汽泡逐渐增长并可以克服惯性及表面张力进入主流区,但此时主流温度仍然未 达到饱和,因此到达主流区的汽体很快被冷凝溃灭,造成滑速比增长减缓。随着体积含汽率的增大,流型向弹状流转变,此时滑速比迅速增长到 1.42。当体积含汽率增加到 0.79 以上时,流动基本进入环状流区,此时液体以连续液膜和离散液滴两种形式存在。在夹带和蒸发等作用下,体积含汽率不断增加使液膜减薄,离散液滴的流动受到连续汽相的影响,流速相对加快,因此液相平均流速增加,滑速比减小。在蒸干点位置,由于蒸干之前壁面存在连续液膜,所以汽体通过液膜吸收热量;当蒸干发生时,液膜消失使得汽体直接从壁面吸收热量,由于壁面温度相比液膜温度大得多,因此汽体平均温度在 5.5~5.9 m 处的变化率比蒸干点前更高,密度变化率也相应增加,使得汽相流动加速度增加,因此在 5.5~5.9 m 处滑速比有小幅度上升,上升幅度为 0.04。此外,滑速比增大还有一个可能的原因是在蒸干前壁面上液膜吸收的热量先转变为汽化潜热,使汽体增多但汽体温度不变,即汽相密度不变。蒸干发生后壁面部分区域开始直接接触汽体,汽体平均温度上升,造成滑速比小幅度增长。此现象的原因在后续的分析中可以解释。随着壁面温度飞升达到最高点,体积含汽率大于 0.97,离散液滴也相对较少,流动进入雾状流区。连续汽相推动着连续液滴的流动,滑速比继续缓慢下降。

图 4.7 为体积含汽率及质量含汽率沿管子轴向距离的分布图;图 4.8 为质量含汽率与体积含汽率关系图。

从图 4.7 可以看出,在 0.4 m 前体积含汽率为 0,随后体积含汽率和质量含汽率都缓慢增加,此时流型主要为细泡状流,汽泡先在贴壁面处产生并在壁面润滑力、浮升力等作用下向主流连续液相扩散。接着流动向弹状流转变且传热处于饱和核态沸腾,此时汽泡扰动加强使得传热效果增加,最终结果体现为体积含汽率迅速增加。进入环状流区后,体积含汽率增长有所减缓,直到雾状流区,体积含汽率接近于 1,此区域质量含汽率增长相对较多。蒸干点位置(5.5 m 处)的体积含汽率为 0.97,质量含汽率为 0.60,且此时质量含汽率增长小幅度减缓,这进一步证明了滑速比在蒸干位置处出现小幅增长的第二个解释。结合图 4.8 可知,质量含汽率随着体积含汽率的增加,增长率逐渐加大。这可以简单地通过质量含汽率与体积含汽率的转化关系式的一阶导数得知,即随着体积含汽率的增加,一阶导数增加。

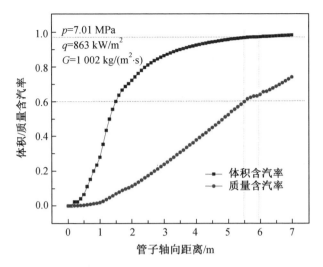

图 4.7　体积含汽率及质量含汽率沿管子轴向距离的分布图

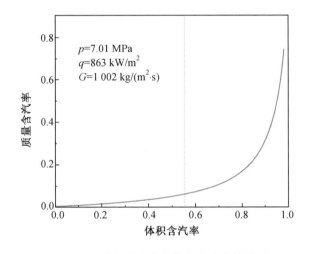

图 4.8　质量含汽率与体积含汽率关系图

　　空泡份额可由式(4.3)计算得出。图 4.9 为空泡份额及主流平均温度随管子轴向距离的变化曲线。

　　管子轴向距离为 1.5 m 前,主流平均温度未达到饱和,但壁面温度已经满足液体产生汽泡的条件,汽泡在壁面汽化核心处产生,这种现象称之为过冷沸腾。管子轴向距离为 1.5～5.5 m 处,主流处于饱和温度,流型先向弹状流转变并随着含汽率的增加出现环状流动(包括有卷吸的环状流动)。在这段管长范围内,

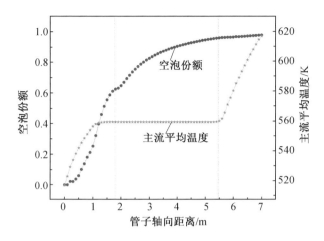

图 4.9　空泡份额及主流平均温度随管子轴向距离的变化曲线

汽体在壁面与液膜的交界面和汽化核心处产生且产生后不直接与壁面接触,空泡份额增长较为缓慢。在管子轴向距离为 5.5 m 时,蒸干发生,热量通过壁面直接传递给汽体。管子轴向距离为 5.5 m 后的区域为缺液区,主要流型为雾状流,即使有离散液滴的存在,但空泡份额接近于 1,因此离散液滴所占比例非常小,由于汽体吸收热量变成过热蒸汽,主流平均温度开始上升,从而出现热力学不平衡现象。这是在蒸干后出现的热力学不平衡,其相关内容会在第 5 章详细讨论。

为了更好地分析欠热沸腾区的规律,图 4.10 展示了空泡份额及主流平均温度随管子轴向距离在 0 ～ 2.0 m 处的变化。将欠热沸腾区(0 ～ 1.5 m)分为 A、B、C、D 四个子区域来对该区域存在的热力学不平衡进行详细的分析讨论。

在子区域 A 内,主流平均温度较低,管子壁面和主流区流体温度都低于该压力下的饱和温度,主流平均温度低于 530 K 且没有汽体产生,空泡份额为 0。在子区域 A 内,由于传热方式为单相对流传热,因此入口的过冷度会对这个区域的传热产生影响。在子区域 B 内,随着吸收热量的增加,主流温度上升(即使上升也未达到饱和),紧贴壁面的流体由于壁面温度的过热度足够大,使附近流体温度达到饱和并开始产生汽泡。在子区域 B 内主流平均温度低于 545 K,产生的汽泡数量很少且体积也很小,只停留在壁面附近而不会扩散到主流区中。子区域 B 的过冷沸腾是部分的、不充分的,因此对传热影响很小。当流体进入子区域 C 时,主流温度已接近于饱和温度,贴壁处产生的汽泡增多甚至足够覆盖整个壁

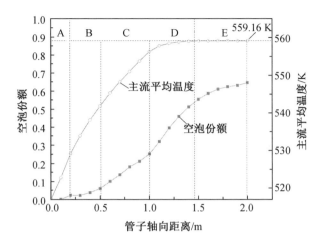

图 4.10 0～2.0 m 处,空泡份额及主流平均温度分布

面,这些汽泡在黏性力和浮升力的作用下随着主流流动沿壁面移动,当所受到的黏性力与浮升力大于表面张力和惯性力作用时,产生的汽泡扩散到主流区,有的汽泡因为遇冷放热变回液体,有的汽泡随着主流流入饱和沸腾区。在子区域 C 内,传热方式主要为过冷沸腾传热,流动存在着明显的热力学不平衡现象。在子区域 D 内,主流平均温度达到饱和温度后流动至饱和沸腾区,此时汽泡体积增大,进入弹状流区,同时传热效果增加,但是由于空泡份额已接近 0.5,故受到液膜厚度的限制,空泡份额增长有所减缓。

(2)流体温度及壁面温度分析。

图 4.11 为质量含汽率及汽液两相温度沿管子轴向距离的分布;图 4.12 为内壁温度及汽液两相温度沿管子轴向距离的分布。如图 4.11 所示,从汽液两相温度可以看出,在 0.3 m 后的一小段管长内,流体处于过冷沸腾区,即使液体温度处于过冷水状态,在贴近壁面处温度边界层内的流体温度已经达到可以汽化的温度,开始产生汽泡。在管子轴向距离为 1～5.5 m 区段内的流体均处于饱和状态,对应的流型主要包括弹状流和环状流,在此范围内的传热性能远高于其他区段,壁面温度沿轴向只有 3～5 K 的变化(可近似认为不变)。此区段的流体从壁面吸收的热量都转化为汽化潜热使液体汽化,流体温度保持在饱和温度不变,随着吸收热量的增加,控制体内的质量含汽率也持续上升。在工程上需要尽可能地使传热控制在这一状态,以维持安全稳定运行。 当流体流动到管子轴向距离

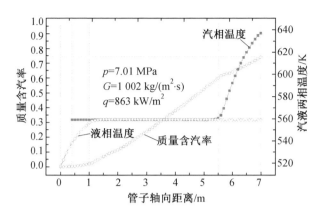

图 4.11　质量含汽率及汽液两相温度沿管子轴向距离的分布

为 5.5 m 处时,液膜消失,蒸干发生。从图 4.11 中可以看出,蒸干发生时质量含汽率为 0.6,此时汽相为连续相,其余 40% 的液体以离散液滴的状态分散在汽相中;冷却壁面的流体由液体转变为汽体,由于汽体的导热系数远低于液体,因此冷区能力下降使得流入管壁的热量不能及时导出,其结果表现为壁面温度迅速上升。

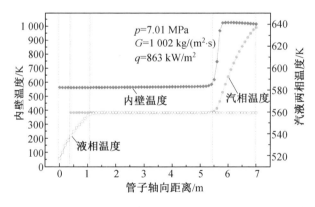

图 4.12　内壁温度及汽液两相温度沿管子轴向距离的分布

从图 4.12 可以看出,在 5.5 m 处内壁温度飞升幅度达 450 K。这样的温度变化很容易破坏换热设备从而造成严重事故。当内壁温度飞升到最高点后又有所下降,这是因为此时蒸汽平均温度虽然已经处于过热状态,但质量含汽率依然小于 1,离散在汽相中的液滴吸收蒸汽热量,在热边界层附近的液滴直接吸收壁面热量;此外,由于流动速度的增加,液滴更快速地撞击壁面并吸收热量,这些热量都被转换为汽化潜热,从而使内壁温度有所降低。

为直观地展现各区域的传热性能,图 4.13 给出了表面传热系数及温度随焓值的变化曲线。可以看出,在入口段表面传热系数随着焓值的增加而大幅度增长,这是由于吸热量的增加使得壁面汽化核心处迅速产生汽泡,这些汽泡在浮升力、黏性力及壁面润滑作用下向主流扩散,从而产生扰动,增强传热。无论是液体还是汽体,它的各变量之间总是遵循着某一固有的状态关系式,就像在一定温度和压力下,一杯水永远在精确无误地重复占有着一定量的体积。随着焓值的增加,流体温度也在增加,根据物质固有的规律可知,流体密度会减小,因此流体的流速便开始增加,进而促进表面传热系数的增加。当液体和汽体的温度达到饱和时,吸收的热量均用于使液体汽化,即汽相含量增加,由于水蒸气的传热性能远低于液态水的传热性能,因此当焓值在 1 355 ~ 2 169 kJ/kg 内增长时,表面传热系数缓慢下降。当焓值达到 2 169 kJ/kg 时,液膜消失,流体对壁面的冷却能力迅速减弱,表面传热系数快速降至 2.16 kW/(m² · K),并直接导致壁面温度大幅度升高。随后,由于液滴的存在,表面传热系数还会有小幅增大,但不十分明显。

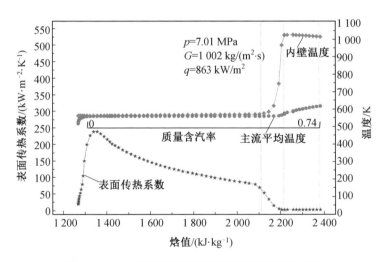

图 4.13　表面传热系数及温度随焓值的变化曲线

(3)管径的影响分析。

管径是探究结构变化对垂直上升管内流动传热特性影响的一个基本参数,

在质量流速为 1 002 kg/(m² · s)、压力为 7.01 MPa、热流密度为 863 kW/m² 时,先在 11.9 ~ 14.9 mm 范围内等间距进行管径变化。为了体现出更为明显的变化趋势,增加计算了管径为 24.9 mm 和 34.9 mm 时的两组数值模拟结果。图 4.14 展示的是不同管径下管子内壁温度和表面传热系数沿轴向的变化曲线;图 4.15 展示的是不同管径下滑速比沿管子轴向的变化曲线。

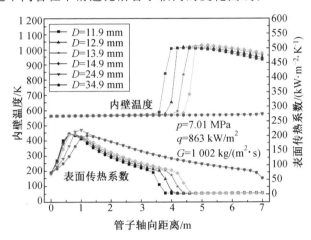

图 4.14　不同管径下管子内壁温度及表面传热系数沿轴向变化曲线

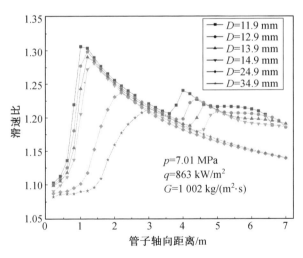

图 4.15　不同管径下滑速比沿管子轴向变化曲线

在进行分析之前,先通过式(4.1)基于热力学平衡简单计算增加管径对蒸干点位置的影响趋势,虽然与数值模拟结果会存在差异,但可以通过计算来验证变化趋势。

① 计算临界含汽率。

可以通过式(4.1)计算蒸干点的含汽率,计算结果见表4.7。

表4.7 不同管径下临界含汽率及蒸干点位置热力学计算结果

管径 /mm	临界含汽率计算结果	蒸干点位置计算结果 /m
11.9	0.616	3.368
12.9	0.613	3.632
13.9	0.609	3.894
14.9	0.607	4.155
24.9	0.585	6.71
34.9	—	—

② 基于热力学平衡式对蒸干点位置进行计算。

在垂直上升管内,流动沸腾存在热力学不平衡现象,基于热力学平衡的计算并不能考虑这种不平衡,且对于温度边界层内流体温度的影响也忽略不计,因此计算结果只能用于趋势预测。蒸干点位置的计算结果见表4.7,计算公式如下:

$$h_x = x_{DO} h'' + (1 - x_{DO}) h' \tag{4.4}$$

$$\frac{\pi d^2}{4}(h_x - h_i) = q\pi d l_x \Rightarrow l_x = \frac{d(h_x - h_i)}{4q} \tag{4.5}$$

式中　　h_x —— 蒸干点焓值,kJ/kg;

　　　　x_{DO} —— 蒸干点质量含汽率,由式(4.1)算出;

　　　　h'' —— 饱和蒸汽焓值,kJ/kg;

　　　　d —— 管子直径,m;

　　　　h' —— 饱和液体焓值,kJ/kg;

　　　　q —— 热流密度,kW/m²;

　　　　h_i —— 流体入口焓值,kJ/kg;

　　　　l_x —— 蒸干点轴向长度(即蒸干点位置),m。

从表4.7可以看出,当管径在11.9~14.9 mm内变化时,临界含汽率有减小趋势,但变化幅度较小;当管径从 14.9 mm 增加到 24.9 mm 时,临界含汽率也只减少了 0.022。从表 4.7 还可以看出,随着管径的增加,蒸干点位置后移,数值模拟结果趋势与该计算结果相符。

如图 4.14 所示,在质量流速 G、热流密度 q、运行压力 p 不变的情况下,随着管径的增加,蒸干延后发生,但管子内径的改变对壁面温度飞升幅度的影响不显著。当管子内径继续增大到 24.9 mm 时,蒸干不发生。米诺保尔斯基的研究结果表明,管子内径 D 对截面含汽率的影响不大,当 $D < 7\sqrt{\sigma/[g(\rho' - \rho'')]}$ 时管子内径 D 对截面含汽率不再有影响。从图 4.14 可以得出,管子内径在 11.9 ~ 14.9 mm 范围内变化时,表面传热系数对管子内径的变化不敏感。在蒸干发生前,液滴主要以连续液膜的形式存在,离散液滴数量很少,即离散液滴对截面含汽率的影响很小。因此在截面含汽率近似不变的情况下,管子内径的增加所带来的结果就是液膜厚度的增加。液膜厚度增加使液膜厚度减为 0 的位置后移,故使得蒸干点后移。结合图 4.15 可以进一步说明,当管子内径增加时滑速比有下降的趋势,对于两相流动来说,相之间的差异是造成两相流动不稳定的一个因素,当管子内径在 11.9 ~ 14.9 mm 范围内变化时,随着管子内径的增加,滑速比有所下降,使得环状流动更加稳定,对蒸干的推后发生也有一定影响。

4.4　螺旋管内的汽液两相流动与传热

4.4.1　螺旋管内核态沸腾两相流动数值分析

螺旋管的结构复杂程度远高于直管。在螺旋管内的核态沸腾两相流动中,结构参数涉及扭率和曲率两种,曲率影响管内离心力,并对管内两相流动传热强度和管内沿程阻力有着重要影响;运行参数涉及入口 Re、热流密度和运行压力。在实际运行工况和事故工况下,不同运行参数对管内核态沸腾区的传热与压降的影响受到研究者的关注,本节尝试对第二类边界条件下螺旋管核态沸腾区两相流动传热与压降特性进行分析。

1.螺旋管内核态沸腾关键参数数值模拟结果与实验结果、经验关联式预测值对比

数值模拟的单性值条件见表4.8。

表 4.8　单值性条件

工况	几何条件				边界条件			
	D_c /mm	d /mm	θ/(°)	L/m	$\dot{m}$ /(kg·s^{-1})	$\dot{q}$ /(kW·m^{-2})	T_{in}/K	p/MPa
1	977	12	8.7	—	0.04	158.6	—	—
2	577	12	8.7	—	0.02	158.6	—	—
3	606	12	8.7	—	0.06	158.6	—	—
4	200, 400, 606, 977,1 200	12	8.7	2	0.06	158.6	539	6.03
5	606	12	2, 4, 6, 8.7	—	0.06	158.6	—	—
6	606	12	8.7	—	0.04, 0.06, 0.08,0.12	158.6	—	—
7	606	10, 12, 15	8.7	—	0.05, 0.06, 0.075	158.6	—	—
8	606	12	8.7	—	0.06	100, 158.6, 200	—	—

螺旋管结构简图如图4.16所示,其中靠近螺旋管轴线的一侧为内部,反之为外部。采用现有螺旋管蒸汽发生器中不同形状参数的螺旋管,结合不同进口工况,对管内沸腾传热过程进行对比分析,其边界条件和几何条件见表4.8,其中工况1和工况2用于评估数值模拟结果与实验结果、经验关联式预测值间的相对误差,工况3~工况8分别用于研究干度、螺旋直径、管子内径、螺旋升角、质量流率、热流密度对螺旋管内沸腾传热时截面参数非均匀分布的影响。汽液分离造成螺旋管内部分区域含汽率较高,因此对汽液两相均采用无滑移边界,进口边界采用质量流率入口边界,出口边界采用压力出口边界,并在壁面上采用第二类热边界条件。

管内核态沸腾涉及流动与传热现象,而表面传热系数和摩擦压降直接反映

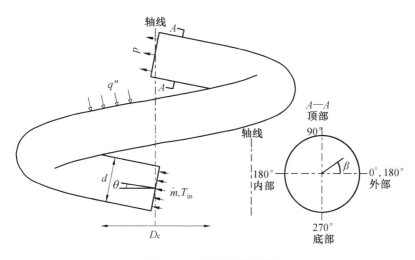

图 4.16　螺旋管结构简图

传热强度和阻力变化特性,因此分传热与压降两方面进行准确性验证。由于数值模拟所采用的方法为欧拉两流体模型,不能直接得到质量含汽率,只能得到体积含汽率,故利用公式(4.6)进行质量含汽率的计算:

$$x = \frac{\alpha \rho_v}{\alpha \rho_v + (1 - \alpha) \rho_1} \tag{4.6}$$

将表面传热系数的数值模拟结果与 Kyung 等的实验结果进行对比,如图 4.17 所示,误差为 ±20%,实验中的质量含汽率利用热平衡计算。从图 4.17 可以看出,表面传热系数的数值模拟结果与实验结果基本吻合,且随质量含汽率的变化趋势一致,均呈现在低质量含汽率时表面传热系数快速增大,然后随着质量含汽率增大缓慢下降的变化趋势。以上现象的原因是当汽泡在壁面上开始形成时,传热机制从强制对流转变为核态沸腾为主导,壁面传递的热量被汽化潜热带走,此时汽泡在壁面上长大直至脱落,然后汇入液相主流中,汽泡所携带的热量又传递给温度较低的主流,使主流不断被加热,此阶段汽泡有可能破碎、融合,汽泡带来的扰动会使传热强度快速增加;而汽液分离现象会造成局部汽相体积含汽率较高,当质量含汽率超过 0.03 时,在内上侧汽相聚集区靠近壁面处的汽相体积含汽率已超过 0.8,汽相份额过高聚集导致此区域的传热机制变为蒸汽与壁面间的对流传热,而蒸汽与壁面间的传热强度明显要低于其余核态沸腾区,因此随着沸腾的进行,质量含汽率不断增大时表面传热系数缓慢下降。

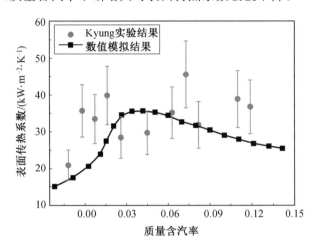

图 4.17　表面传热系数的数值模拟结果与 Kyung 等实验结果的对比

图 4.18 所示为表面传热系数的数值模拟结果与经验关联式预测值的对比,图4.18(a) 中直线表示与数值模拟结果误差为 ±20%。从图 4.18(a) 可以看出,表面传热系数预测结果与 Chen 公式吻合较好,平均误差为 16.3%。而在图 4.18(b) 中,Kozeki 公式与 Schrok－Grossman(S－G) 公式均对马蒂内里参数 $X_{tt}^{-1} < 1$ 时的表面传热系数计算值偏低,不能准确计算核态沸腾起始段的传热变化情况,当 $X_{tt}^{-1} < 0.3$ 时,Kozeki 公式中两相流传热系数与单相流传热系数之比小于 1,这与实际现象相违背,原因可能是 Kozeki 公式仅仅考虑了马蒂内里参数的影响,未考虑 Bo 数的影响,Bo 数表征汽泡的成核数量,实际上反映泡核沸腾的强度;Schrok－Grossman 公式则考虑了 Bo 数的影响;而 Chen 公式将泡核沸腾强度与对流传热强度综合考虑,同时引入各壁面温度下对应的饱和压力与两相流平均压力之差作为表征泡核沸腾强度的影响因子,处理方法更复杂,计算结果与数值模拟结果最为接近。

图 4.19 为螺旋管内沿主流方向(轴向)壁面温度与工质温度的变化曲线。由图可知,在距离管入口长度为 0～0.8 m 时,工质被壁面热流加热,逐步达到饱和温度,而壁面温度已超过饱和温度,此时会在壁面处出现过冷沸腾,导致在壁面上开始形成汽泡。从图 4.20 也可以看出,在距离管入口长度为 0～0.8 m 处,汽相的体积含汽率为 0～0.46,而质量含汽率为 0～0.03,传热强度大幅上升,壁

面温度与工质温度差迅速下降。随后工质温度保持在饱和温度,不断有汽相产生,汽相受到离心力作用形成汽相聚集区,汽相的导热系数较低,形成热阻,对传热强度产生削弱作用,汽相体积含汽率增长速度略有降低,壁面不能被及时冷却,温度继续上升导致壁面温度与工质温度之差又小幅上升,从 4.4 K 增至 6.2 K。

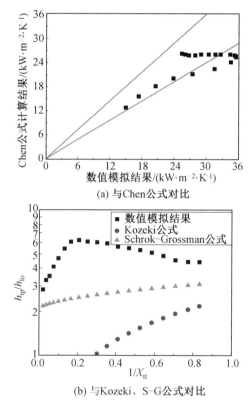

(a) 与Chen公式对比

(b) 与Kozeki、S-G公式对比

图 4.18　表面传热系数的数值模拟结果与经验关联式预测值的对比

螺旋管特殊的几何结构导致管子径向上存在离心力作用,造成汽液分离现象,引起壁面温度分布的不均匀性。为探究此规律,取距离管入口 0.3 m、0.7 m和 1.8 m 处横截面上的周向壁面温度和汽相云图绘制成图 4.21 和图 4.22。

从图 4.21 可以看出,周向壁面温度存在不均匀性:沿管主流方向,随着质量含汽率的增加,壁面温度的最大值从 $90°$ 向 $180°$ 逆时针偏移,壁面温度相对较高的区域面积也随质量含汽率的增加而增大,壁面温差也随之增大,距离管入口

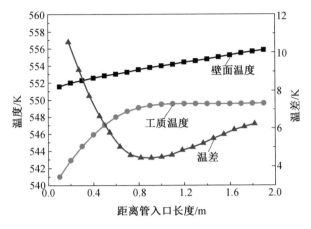

图 4.19 轴向温度变化曲线

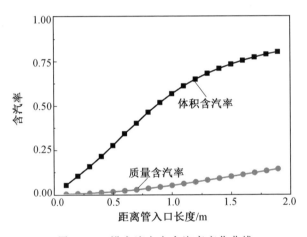

图 4.20 沿主流方向含汽率变化曲线

0.3 m、0.7 m 和 1.8 m 处截面上壁面温差依次为 7.02 K、7.46 K 和 10.2 K,壁面温度最高值所在位置依次为 90°、100° 和 120°。从图 4.21 可以看出,汽相体积含汽率逐渐增加,相应的壁面温度较高区域的面积增大,从 75°～105° 扩展至 60°～150°。此外,从图 4.21 还可以清晰地看出,汽相体积份额相对较高的区域集中于 60°～150°,即管横截面的内上侧;汽相体积份额相对较低的区域多集中于 210°～360°,即管横截面的外下侧。这是因为螺旋管特殊的弯曲结构使管内流体受到离心力的作用,而汽液两相间的密度相差很大,密度较小的汽相会向内侧滑移,而密度较大的液相会被甩向管横截面的外侧,在离心力的驱使下出现汽液分离现象,同时汽液两相受到重力作用,因此聚集在内侧的汽相会向管横截面的内上侧聚集,液相向外下侧聚集。

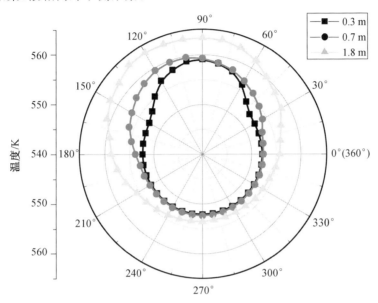

图 4.21　距离管入口 0.3 m、0.7 m 和 1.8 m 处截面周向壁面温度分布

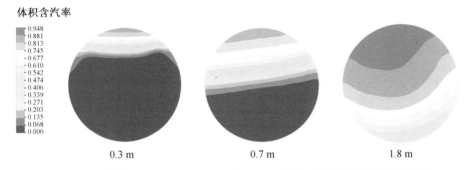

图 4.22　距离管入口 0.3 m、0.7 m 和 1.8 m 处截面汽相云图(彩图见附录)

综合分析图 4.21 和图 4.22 可以看出,周向壁面温度分布与汽相云图相对应,在壁面温度相对较高的位置,汽相体积含汽率相对较高,这是由于汽相聚集形成热阻,使壁面与流体间的传热强度下降,而且汽相体积含汽率较高区域的液相体积份额相应较小,汽相产生量随之减小,产生的汽泡与主流进行热交换的强

度下降,进一步使此区域的传热强度下降。随着沸腾的进行,质量含汽率不断增加,可以推断螺旋管内上侧区域的传热强度会逐步降低,当质量含汽率达到某一值时,液相不能保持连续,若汽相与壁面直接接触,可能会出现壁面温度飞升的传热恶化现象。

目前的学者多通过经验关联式进行管内摩擦压降的准确性验证,选用与模拟计算运行参数相近的经验关联式(表 4.9)进行对比。利用 CFD—Post 后处理软件只能获得各截面位置上的汽液两相平均总压力,须利用公式计算重力压降和加速压降。图 4.23 所示为扣除重力压降和加速压降后得到的摩擦压降梯度数值模拟结果与螺旋管核态沸腾区摩擦压降经验关联式计算值对比曲线。由图可知,在质量含汽率低于 0.15 的区域,数值模拟结果与经验关联式计算结果均显示随着质量含汽率增大摩擦压降梯度提高的变化趋势。

表 4.9　汽液两相流摩擦压降预测的经验关联式

学者	经验关联式	实验范围
Hardik	$\Delta p_f = \varphi_l^2 \Delta p_l$ $\varphi_l^2 = 1 + \dfrac{18 \times 0.587 \times e^{1.8x+0.14d}}{X} + \dfrac{1}{X^2}$ $\Delta p_l = f_l \dfrac{2G^2 L (1-x)^2}{d\rho_l}$ $f_l = \left[Re \left(\dfrac{d}{D} \right)^2 \right]^{\frac{1}{20}} \dfrac{0.079}{Re^{0.25}}$ $X = \left(\dfrac{1-x}{x} \right)^{0.9} \left(\dfrac{\rho_v}{\rho_l} \right)^{0.5} \left(\dfrac{\mu_l}{\mu_v} \right)^{0.1}$	$d = 6 \sim 11$ mm; $D = 162 \sim 383$ mm; $s = 50$ mm; $x = -0.23 \sim 0.96$; $p = 0.12 \sim 0.48$ MPa; $G = 92 \sim 1\,278$ kg/(m² · s); $q = 140 \sim 2\,830$ kW/m²
Guo	$\Delta p_f = \varphi_{lo}^2 \Delta p_{lo}$ $\varphi_{lo}^2 = 142.2\psi \left(\dfrac{p}{p_{cr}} \right)^{0.62} \left(\dfrac{d}{D} \right)^{1.04} \left[1 + x \left(\dfrac{\rho_l}{\rho_v} - 1 \right) \right]$ $\psi = 1 + \dfrac{x(1-x)\left(\dfrac{1\,000}{G} - 1 \right)\dfrac{\rho_l}{\rho_v}}{1 + x\left(\dfrac{\rho_l}{\rho_v} - 1 \right)}, G \leqslant 1\,000$ $\psi = 1 + \dfrac{x(1-x)\left(\dfrac{1\,000}{G} - 1 \right)\dfrac{\rho_l}{\rho_v}}{1 - x\left(\dfrac{\rho_l}{\rho_v} - 1 \right)}, G > 1\,000$	$d = 10 \sim 11$ mm; $D = 123 \sim 256$ mm; $\theta = 4.27° \sim 5.36°$; $x = -0.01 \sim 1.2$; $p = 0.5 \sim 3.5$ MPa; $G = 150 \sim 1\,760$ kg/(m² · s); $q = 0 \sim 540$ kW/m²

续表 4.9

学者	经验关联式	实验范围
Chen 和 Zhou	$\Delta p_{\mathrm{f}} = \varphi_{\mathrm{lo}}^2 \Delta p_{\mathrm{lo}}$ $\Delta p_{\mathrm{lo}} = \dfrac{2G^2 L}{\rho_1 d}\left[0.076\,Re^{-0.25} + 0.007\,25\left(\dfrac{d}{D}\right)^{0.5}\right]$ $\varphi_{\mathrm{lo}}^2 = 2.06\left(\dfrac{d}{D}\right)^{0.05} Re_{\mathrm{tp}}^{-0.025}\left[1+\alpha\left(\dfrac{\rho_{\mathrm{v}}}{\rho_1}-1\right)\right]^{0.8}\cdot$ $\left[1+x\left(\dfrac{\rho_1}{\rho_{\mathrm{v}}}-1\right)\right]^{1.8}\left[1+\alpha\left(\dfrac{\mu_{\mathrm{v}}}{\mu_1}-1\right)\right]^{0.2}$	$d = 18\ \mathrm{mm}$; $D = 235 \sim 907\ \mathrm{mm}$; $x = 0 \sim 1$; $p = 4.2 \sim 22\ \mathrm{MPa}$; $G = 400 \sim 2\,000\ \mathrm{kg/(m^2 \cdot s)}$; $q = 0 \sim 570\ \mathrm{kW/m^2}$
Cion-colini	$\Delta p_{\mathrm{f}} = 2f\,\dfrac{G^2 L}{d\rho_{\mathrm{tp}}}$ $\rho_{\mathrm{tp}} = \left(\dfrac{x}{\rho_{\mathrm{v}}} + \dfrac{1-x}{\rho_1}\right)^{-1}$ $\mu_{\mathrm{tp}} = \left(\dfrac{x}{\mu_{\mathrm{v}}} + \dfrac{1-x}{\mu_1}\right)^{-1}$ $f = \left\{2.916\lg\left[\dfrac{11.78\mu_{\mathrm{tp}}}{Gd} + 33.57\left(\dfrac{d}{D}\right)^{2.734}\right]\right\}^{-2}$	$\dfrac{D}{d} \leqslant 32.4$; $d = 5 \sim 20\ \mathrm{mm}$; $x = 0 \sim 1$; $p = 0.75 \sim 9\ \mathrm{MPa}$; $G = 400 \sim 1\,191\ \mathrm{kg/(m^2 \cdot s)}$; $q = 0 \sim 750\ \mathrm{kW/m^2}$
Santini	$\Delta p_{\mathrm{f}} = \zeta\,\dfrac{G^{1.91} L}{d^{1.2}\rho_{\mathrm{cm}}}$ $\rho_{\mathrm{cm}} = \left(\dfrac{x}{\rho_{\mathrm{v}}} + \dfrac{1-x}{\rho_1}\right)^{-1}$ $\zeta = -0.037\,3x^3 + 0.038\,7x^2 - 0.004\,79x + 0.010\,8$	$d = 12.53\ \mathrm{mm}$; $D = 1\,000\ \mathrm{mm}$; $s = 800\ \mathrm{mm}$; $x = 0 \sim 1$; $p = 1.1 \sim 6.3\ \mathrm{MPa}$; $G = 50 \sim 200\ \mathrm{kg/(m^2 \cdot s)}$; $q = 192 \sim 824\ \mathrm{kW/m^2}$
Zhao	$\Delta p_{\mathrm{f}} = \varphi_{\mathrm{lo}}^2 \Delta p_{\mathrm{lo}}$ $\varphi_{\mathrm{lo}}^2 = 1 + \left(\dfrac{\rho_1}{\rho_{\mathrm{v}}}-1\right)\left[0.303x^{1.63}(1-x)^{0.885}Re_{\mathrm{lo}}^{0.282} + x^2\right]$ $\Delta p_{\mathrm{lo}} = \dfrac{2G^2 L}{\rho_1 d}\left[0.076\,Re^{-0.25} + 0.007\,25\left(\dfrac{d}{D}\right)^{0.5}\right]$	$d = 9\ \mathrm{mm}$; $D = 292\ \mathrm{mm}$; $s = 30\ \mathrm{mm}$; $x = 0.1 \sim 0.2$; $p = 0.5 \sim 3.5\ \mathrm{MPa}$; $G = 236 \sim 943\ \mathrm{kg/(m^2 \cdot s)}$; $q = 0 \sim 900\ \mathrm{kW/m^2}$

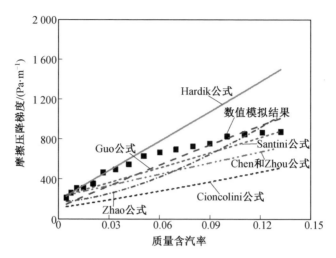

图 4.23　摩擦压降验证图

图 4.24(a)~(f)为摩擦压降的数值模拟结果与各经验关联式计算值对比。其中光滑直线表示与数值模拟结果误差为±20%;考虑到各个经验关联式均基于半经验方法提出,各自实验范围不完全相同,进行拟合时其自身实验数据就存在误差,因此数值模拟结果很难与所有经验关联式的计算值达成一致。 由图4.24可知,除 Hardik 公式的计算值高于数值模拟结果(原因可能是 Hardik 的运行压力远小于模拟压力,造成计算值偏高),其余公式计算值均偏低,而 Santini 公式吻合最为良好。表4.10为摩擦压降数值模拟结果与经验关联式计算值的误差对比。从表中可以看出,除 Cioncolini 公式计算值与数值模拟结果误差较大外,其余公式的误差均在30%以下,Santini 公式的误差最小,为14.42%,均方根 RMS 仅为 0.16;说明选用的数值计算模型能够对螺旋管内核态沸腾区压降特性进行准确预测。

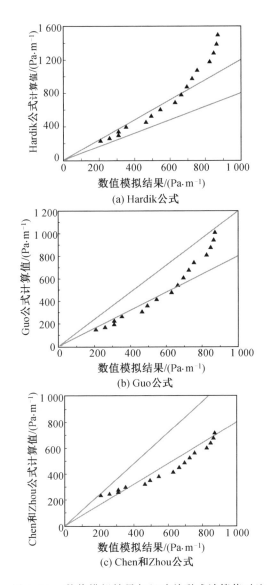

(a) Hardik公式

(b) Guo公式

(c) Chen和Zhou公式

图 4.24　数值模拟结果与经验关联式计算值对比

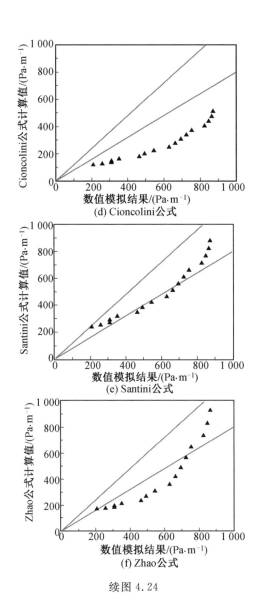

(d) Cioncolini公式

(e) Santini公式

(f) Zhao公式

续图 4.24

表 4.10　摩擦压降误差对比

经验关联式	平均误差 /%	RMS
Hardik 公式	23.95	0.32
Guo 公式	20.83	0.25
Chen 和 Zhou 公式	23.38	0.25
Cioncolini 公式	53.21	0.54
Santini 公式	14.42	0.16
Zhao 公式	28.88	0.32

　　当研究沸腾条件下螺旋管内两相流压降变化特性时,将管内总压降分为重力压降、加速压降和摩擦压降。

　　图 4.25 为采用表 4.8 中运行参数和结构参数时螺旋管核态沸腾区各部分压降梯度变化曲线。由图可知,重力压降梯度、加速压降梯度和摩擦压降梯度随着质量含汽率增加而变化的趋势不同。其中,重力压降梯度随质量含汽率增加不断下降,这是由于汽液两相流平均密度随质量含汽率增加而下降,使重力压降梯度降低,但在较低质量含汽率范围内其所占比例较大,而摩擦压降梯度和加速压降梯度随着质量含汽率的增加不断增大,摩擦压降梯度增加程度明显高于加速压降梯度。图 4.26 显示各部分压降随着质量含汽率增加的变化趋势,处理方式

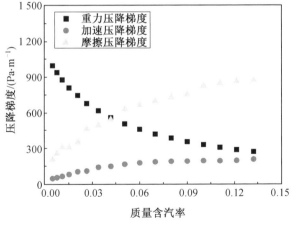

图 4.25　压降梯度变化曲线

为取各个截面处的值与入口值之差,结合图 4.26 可知,当质量含汽率为 0.011 时,重力压降占总压降的 80.3%,摩擦压降占总压降的 11.74%;当质量含汽率为 0.14 时,重力压降占总压降的 46.7%,摩擦压降占总压降的 31.22%。随着质量含汽率的增加,摩擦压降将成为沿程总压降的主要部分。

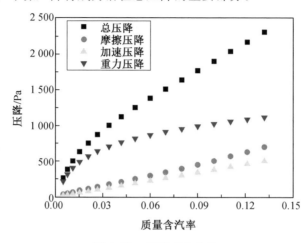

图 4.26　压降变化曲线

图 4.27 为管内汽液两相轴向流速和滑速比沿主流方向变化曲线,从中可以看出,沿主流方向的汽、液相轴向流速快速增大,且两相滑速比始终大于 1,即汽相流速始终高于液相流速。汽相体积含汽率不断增加,汽相密度仅为液相密度的 4%,汽液两相混合密度不断下降,当入口质量流量一定时造成汽液两相轴向流速不断增加。在距离管入口长度为 0～0.5 m 处,汽相份额较小,由于汽相黏度较小,汽相轴向流速大于液相轴向流速,滑速比从 1 快速增至 1.09;随着沸腾的进行,汽相体积含汽率继续增加,汽液两相间的流速差使汽相对液相的虚拟质量力作用效果开始显现,液相流速增加幅度略高于汽相流速的增加幅度,使滑速比缓慢下降。实际上,沿流动方向上任意截面间的含汽率差异均会造成汽液两相流的加速效果,可使用加速压降对这种作用效果进行量化,综合图 4.26 和图 4.27 可见,汽液两相轴向流速增加使加速压降始终在增加。

图 4.28 为距离管入口 0.3 m、0.7 m 和 1.8 m 处截面的汽液两相轴向流速云图,由图可知,靠近管壁侧的流体流速呈现明显的梯度特征。与图 4.22 相比较,发现螺旋管内汽液轴向流速场与汽液两相分布存在明显差异,相同质量含汽率

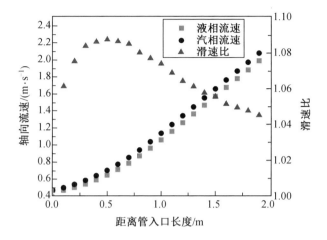

图 4.27　轴向流速和滑速比沿主流方向变化曲线

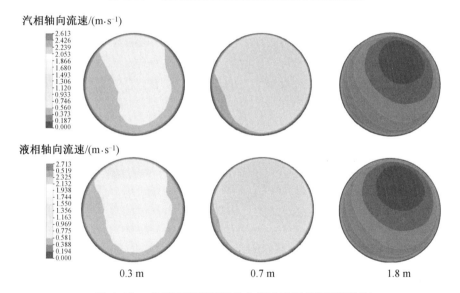

图 4.28　各截面汽液两相轴向流速云图(彩图见附录)

下轴向流速场的分布受到离心力的作用呈现外侧高、内侧低的变化趋势,同时随着质量含汽率的增加,管内汽相轴向流速在径向上的梯度增大,汽液两相流速的最大值从上侧壁面向外侧壁面滑移。在距离管入口 0.3 m 处,汽相体积含汽率较低,汽液两相轴向流速较小,离心力作用不明显,汽液两相轴向流速最大值位置约为 90°;而在距离管入口 1.8 m 处,截面上汽相体积含汽率超过 0.75,汽液两相流速为 0.3 m 处的 3.2~3.3 倍,在离心力作用下汽液两相轴向流速最大值位置偏移至 60° 附近。

与冷态的汽液两相流动径向流场不同,在沸腾条件下,汽相体积含汽率不断增加,会对径向流速场造成影响。图 4.29 为距离管入口 0.3 m、0.7 m 和 1.8 m 处,截面径向上液相流速矢量图和液相流线图,从中可知:沿主流方向,随着质量含汽率的增加,液相流速增加,液相径向最大流速增加;0.3 m 处液相径向最大流速为 0.031 m/s,约为液相轴向流速的 6.7%;1.8 m 处液相径向最大流速为 0.089 m/s,约为液相轴向流速的 4.7%。随着轴向流速的增加,二次流强度增大。

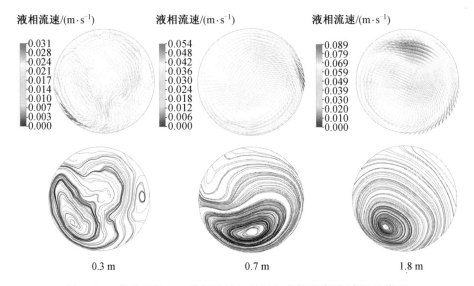

图 4.29 各截面径向上液相流速矢量图和液相流线图(彩图见附录)

通过流线图发现,在第二类边界条件下,距离管入口 0.3 m 处沸腾刚刚开始,质量含汽率仅为 0.008,汽相受到浮升力的影响向管上侧聚集,聚集区的形成阻碍上侧涡结构的出现,同时受到离心力的影响,径向流速指向外侧壁面,径向流速场的存在使汽相不断被带离聚集区向外侧流动,而液相向内侧流动,这种流动特性会削弱离心力造成的汽液分离现象,管中心区域径向流速几乎为零,内侧和外侧分别形成涡。随着质量含汽率的增加,汽相聚集区向内侧偏转,当偏转程度使汽相聚集在内侧 180° 时会形成与冷态条件下出现的对称涡相似的结构,但在模拟条件下,汽相聚集区偏转程度不足使上侧区域出现连续流动的涡结构。随着沸腾的进行,涡结构受到螺旋管逆时针弯曲向上的结构影响,会向顺时针偏转。

2. 核态沸腾区流动与传热的影响规律分析

螺旋管内流动与传热的影响因素较多,包括流动方向、流型、系统压力、质量含汽率、管内径、表面热流密度、管壁粗糙度和质量流量等。在当前公开发表的文献中,对系统压力和质量流量的研究较多,分析曲率和扭率对核态沸腾区传热特性影响的研究较少,且这些研究较少从径向参数的分布规律上进行分析。

基于上述分析,为探究运行参数和几何结构参数对螺旋管核态沸腾区传热与流动的影响规律,利用控制变量法对扭率、曲率、热流密度、入口 Re 和运行压力的影响进行分析。表 4.11 为对照组参数设置,未出现的参数设置见表 4.8。

表 4.11 对照组参数设置

工况	影响因素	参数值	工况	影响因素	参数值
1′	扭率	0.05①; 0.10; 0.15	3′	热流密度 /(kW·m⁻²)	100; 158.6; 200
2′	曲率	0.009; 0.012; 0.019; 0.040	4′	入口 Re	20 186; 42 497; 61 621
			5′	运行压力 /MPa	4; 6; 8

注:① 仅用于对螺旋管内表面传热系数随质量含汽率的变化分析。

(1)扭率的影响分析。

图 4.30 所示为不同扭率下的汽相云图、液相径向流速矢量图和径向流线图。由汽相云图可知,随着扭率的增加,汽相聚集区在扭转作用下出现沿管内上侧顺时针偏转的趋势,而当扭率从0.10增至0.15、质量含汽率均为0.03时,壁面附近含汽率最大值从0.93降至0.87,这是由于二次流动削弱了汽液分离程度。

由液相径向流速矢量图可知,二次流最大流速从 0.05 m/s 增至 0.057 m/s,二次流强度小幅增加。由液相流线图可知,对称涡结构在较低的质量含汽率下尚未形成,但可以观察到管下侧的单涡结构,而扭率增加使管内上侧流线向外上侧滑移。从图 4.31 可知,不同扭率下的壁面温度分布基本相同,外下侧壁面温度略高于饱和温度,约为 552 K,内上侧壁面温度较高;当扭率为 0.10 时,壁面温度最大值为561.7 K,处于 100° 附近,壁面最大温差为 9.4 K;当扭率为 0.15 时,壁面温度最大值为 560 K,壁面最大温差为 7.6 K,处于 90° 附近。随着扭率的增加,二次流强度增强;二次流增加了内外侧流体间的对流作用,可减弱汽液分离作用,降低壁面温差,使壁面温度的升高幅度下降。

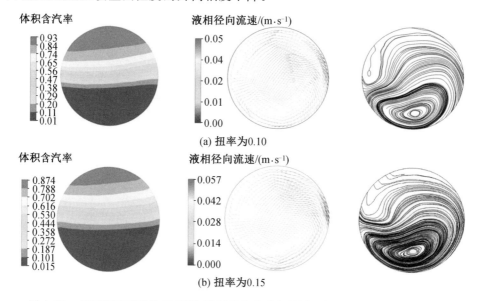

图 4.30　不同扭率下的汽相云图、液相径向流速矢量图和径向流线图(彩图见附录)

　　对于运行参数和结构相同的水平管与竖直管内的流动传热,竖直管的传热效果要优于水平管。扭率越大的螺旋管,其倾斜角度越接近竖直方向。图 4.32 所示为不同扭率下螺旋管内表面传热系数随质量含汽率的变化曲线,由图可知,各扭率下的表面传热系数随质量含汽率的变化趋势基本相同,先快速增大再缓慢降低。通过纵向对比传热强度,发现表面传热系数会随扭率增加而小幅上升:扭率从0.05增至0.15后,平均表面传热系数增加4.11 kW/(m² • K)。由图 4.30 中的液相径向流速矢量图可知二次流的作用效果,扭率的增加使二次流强度小幅增加,流向外侧壁面的径向流速更大,边界层受此扰动变薄,同时内侧区域温度较高的流体被带向温度较低的外侧区域,增强了流体与壁面的对流作用,降低了汽液分离作用下汽相聚集带来的热阻效应,对壁面的冷却作用更为明显,从而使传热强度提高,壁面温度下降。

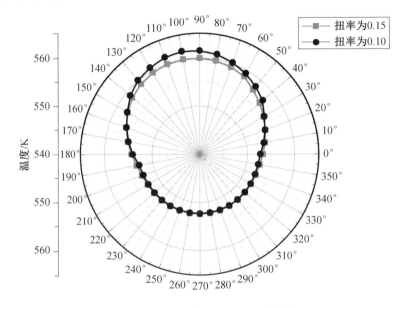

图 4.31　不同扭率下的壁面温度分布

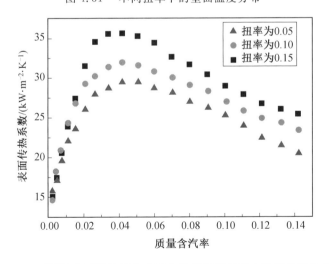

图 4.32　不同扭率下螺旋管内表面传热系数随质量含汽率的变化曲线

从图 4.33(a) 可以看出,随着扭率的增加,螺旋管内总压降明显增大。由图 4.30 和图 4.32 可知,扭率的增加虽然会增加传热强度,但也会使相分布更加均匀。数值模拟结果表明,扭率变化范围为 0.05 ~ 0.15 时,在距入口相等距离的截面上质量含汽率相差小于 0.003,因此扭率对质量含汽率的影响可以忽略,加速压降在质量含汽率相等的情况下并非总压降改变的主要原因。扭率的增加会使螺旋管节距增加,当各截面上的质量含汽率相近时,汽液两相流的混合密度基本不变,由此导致不同含汽率下的重力压降快速增大,当扭率从 0.05 增至 0.15 时,平均重力压降梯度从 208 Pa/m 增至 577 Pa/m,增长倍率接近 2.8。由图 4.33(b) 可知扭率增加时摩擦压降的增加幅度较小,平均摩擦压降梯度仅增加 24 Pa/m,由此可知,在核态沸腾区扭率的增加会使二次流扰动小幅增加,但由此引起的摩擦压降增加仅仅是变扭率条件下总压降增大的次要影响因素,节距的增加使重力压降快速增大是变扭率条件下总压降增大的主要影响因素。在周云龙等进行的螺旋管式蒸汽发生器设计计算中,建议将扭率设置为 0.035 ~ 0.087;数值模拟计算结果表明扭率为 0.05 ~ 0.15 时,螺旋管内总压降可以仅考虑重力压降的影响。

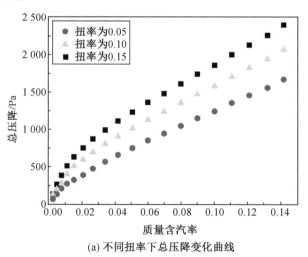

(a) 不同扭率下总压降变化曲线

图 4.33　不同扭率下总压降与摩擦压降变化曲线

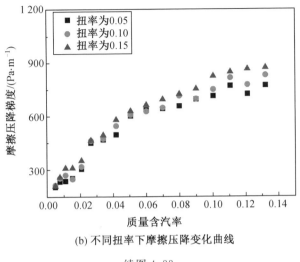

(b) 不同扭率下摩擦压降变化曲线

续图 4.33

（2）曲率的影响分析。

图 4.34 中分别显示曲率为 0.019 和 0.009，质量含汽率均为 0.03 时的汽相云图、液相径向流速矢量图和径向流线图。通过汽相云图可知，随着曲率的增加，离心力作用加强，汽相受到液相的排挤，汽相聚集区向内上侧聚集，液相聚集区向外下侧聚集，汽相聚集区的变化方向为由 90° 向 180° 逆时针偏移；曲率的增大使得汽液两相的分离趋势增加，在相同质量含汽率条件下汽相聚集区的最大含汽率值从 0.873 增至 0.887。图 4.35 为图 4.34 中不同曲率下相同截面的周向壁面温度分布曲线，由图可知，壁面温度最大值从 90° 偏移至 110° 附近，与图 4.34 中汽相体积含汽率云图的规律吻合，汽相份额的增加使壁面热流与主流的传热强度下降、壁面温度升高。

通过液相径向流线图发现，不同曲率下的对称涡结构呈内外侧分布，液相径向流速随着曲率的增加显著增大，但二次流强度的增加未对汽液分离程度造成与冷态两相流动中类似的影响，原因可能是主流流速较小，二次流强度与重力和离心力效应相比过于微弱。

图 4.36 为不同曲率下表面传热系数随质量含汽率变化对比，由图可知，不同质量含汽率下的表面传热系数的变化趋势基本一致，呈现出低质量含汽率下快速增大而后缓慢下降的趋势，且在相同质量含汽率下，随着曲率的增加，表面传

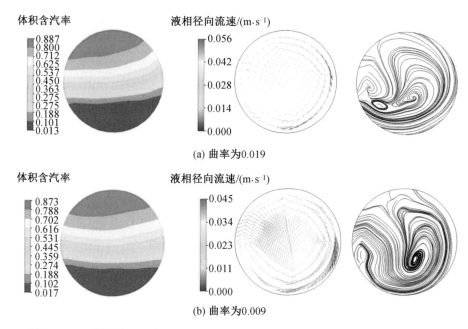

图 4.34　不同曲率下汽相云图、液相径向流速矢量图和径向流线图（彩图见附录）

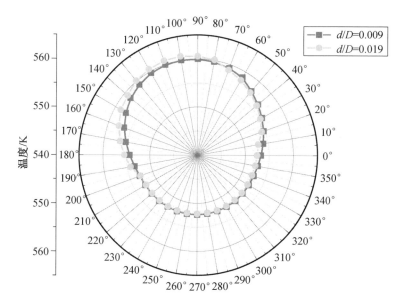

图 4.35　不同曲率下相同截面的周向壁面温度分布曲线

热系数下降,原因是曲率的增加使靠近壁面内上侧 $90°\sim140°$ 的汽相聚集区内的汽相体积含汽率小幅增加(图 4.34),壁面温度上升(图 4.35),对壁面热流与主流间的传热强度造成小幅的削弱,尽管二次流动会强化管内的对流传热作用,但在低质量含汽率区,此传热机制不能起决定性作用。

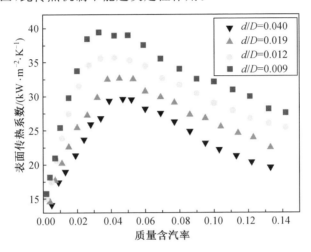

图 4.36　不同曲率下表面传热系数随质量含汽率变化对比

这个现象与 Kyung 在相同工况下进行的实验研究结论相吻合,即在核态沸腾区二次流引起的对流传热强度增加对总体上的传热效果贡献十分微弱,管内沸腾强度主要受泡核沸腾的影响。图 4.37 为不同曲率下液相轴向流速对比曲线,由图可知,在相同质量含汽率下曲率的增加会造成液相流速减小。而曲率较低的螺旋管内液相流速较快,流体升温幅度更大,造成表面传热系数增大。

螺旋管内流体在曲率的影响下不断被抛向外侧壁面,与壁面进行撞击,造成阻力损失。图 4.38 为不同曲率下总压降和摩擦压降梯度对比曲线。由加速压降和重力压降的计算公式可知,加速压降仅受质量含汽率的影响,重力压降受节距和质量含汽率的影响,因此在仅仅改变曲率条件下总压降由摩擦压降决定,由图 4.38(b)可知,曲率的增加使摩擦压降梯度增大,螺旋管内摩擦压降主要受壁面粗糙度、流体黏度和二次流强度的影响。流体黏度与流体的种类、温度和压力有关;在仅仅改变曲率而其他条件不变的情况下,流体黏度变化很小,而壁面粗糙度为定值,即壁面粗糙度和流体黏度会造成一定的摩擦压降,但并不是在表 4.11

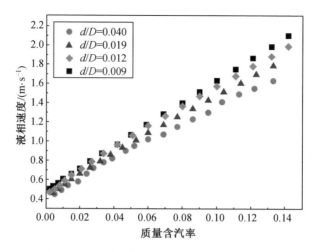

图 4.37　不同曲率下液相轴向流速对比曲线

中工况 $2'$ 下摩擦压降变化的主要原因,基于以上分析,认为二次流强度是在变曲率条件下影响摩擦压降的决定性因素。

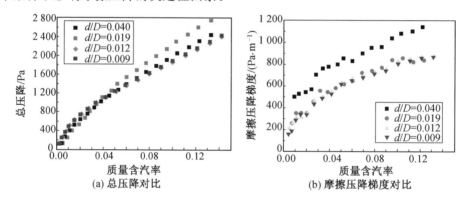

(a) 总压降对比　　　　　　　　(b) 摩擦压降梯度对比

图 4.38　不同曲率下总压降和摩擦压降梯度对比曲线

衡量二次流强度对摩擦压降的影响程度时一般用迪恩(Dean 数,De)表征。两相迪恩数 De_{tp} 利用公式(4.7)计算:

$$De_{tp} = Re_{tp}\left(\frac{d}{D}\right)^{0.5}$$

$$Re_{tp} = Re_l + Re_v\left(\frac{\mu_v}{\mu_l}\right)\left(\frac{\rho_v}{\rho_l}\right)^{0.5}$$

(4.7)

利用公式(4.7)计算得到不同质量含汽率下的两相迪恩数,求其平均值可得到指定含汽率范围内的平均两相迪恩数。由图 4.39 可知,平均摩擦压降梯度随平均两相迪恩数的增加而增加,当曲率为 0.009 ~ 0.019 时,平均迪恩数为 4 165 ~ 6 006,二次流强度小幅增加,平均摩擦压降梯度变化较小,仅增加 47 Pa/m;当曲率增至 0.040 时,迪恩数约达到 8 530,二次流强度大幅增加,摩擦压降梯度增加 204.3 Pa/m。

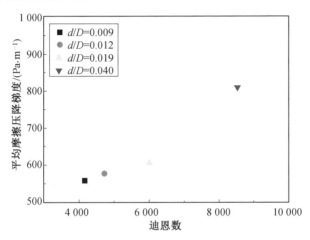

图 4.39　不同曲率下平均摩擦压降梯度随迪恩数变化图

(3)热流密度的影响分析。

热流密度的改变对管内质量含汽率的分布造成影响,若要探究热流密度对某一固定位置上二次流动的影响,就必须考虑到质量含汽率这一因素;若要探究热流密度对某一固定质量含汽率下二次流动的影响,沿管轴向方向上的流动过程也必须考虑。为此,本小节分别从这两点尝试进行分析。

通过分析图 4.40(a)(c)可知,距离入口 0.7 m 处的质量含汽率随热流密度的增加而增加,横截面上质量含汽率聚集程度增加,质量含汽率从 0.01 增至 0.03;二次流径向最大流速从 0.047 m/s 增至 0.057 m/s,从流线图可知,二次流的对称涡结构基本相同,因此在热流密度增加时,相同位置的涡结构不会发生改变。

通过分析图 4.40(b)(c)可知,当所选截面质量含汽率均为 0.03 时,热流密度较低的截面距入口较远,汽液分离程度增加,内上侧汽相聚集区的最大体积含汽率由 0.874 增至 0.884,同时受到管道扭转的作用,汽液分离更加明显,二次流涡结构顺时针偏移,而二次流最大径向流速受到主流流速增加的影响明显增大,图4.40(b)中液相径向流速为0.83 m/s,而图4.40(c)中液相径向流速为0.71 m/s。通过上述分析可知,在相同质量含汽率时,热流密度对二次流动强度的影响实际上是由距离入口长度决定的,热流密度越小,距离入口长度越大,主流加速效果越明显,二次流强度越大,二次流涡结构顺时针偏转效果越明显。

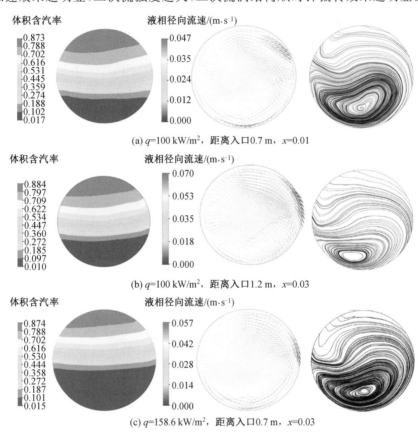

图4.40　不同热流密度下汽相质量含汽率云图、液相径向流速矢量图和液相径向流线图(彩图见附录)

实际上,热流密度对核态沸腾区的传热强度影响较大,过高的热流密度还有可能导致第一类沸腾危机的出现。图4.41为不同热流密度下表面传热系数随质量含汽率变化曲线图,由图可知表面传热系数随热流密度的增加而增加。当热流密度增加时,汽化核心的成核密度增大,这会使成核位点在形成汽相时进行相变的总传热量增加,同时汽泡形成并脱离壁面时会造成强烈的扰动,使表面传热系数大幅提高。一般利用 Bo 数表征泡核沸腾机制下的传热强度,Bo 数由热流密度、潜热和质量流量决定。图 4.42 为 Bo 数与平均表面传热系数关系图,当潜热和质量流量不变时,Bo 数随热流密度的增加而显著增大,热流密度由 $100\ kW/m^2$ 增至 $200\ kW/m^2$,当质量含汽率为 $0 \sim 0.07$ 时,平均表面传热系数由 $18.4\ kW/(m^2 \cdot K)$ 增至 $31.4\ kW/(m^2 \cdot K)$。

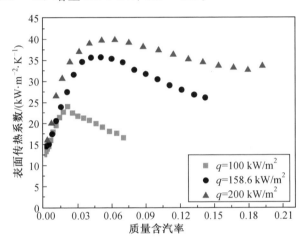

图 4.41 不同热流密度下表面传热系数随质量含汽率变化曲线

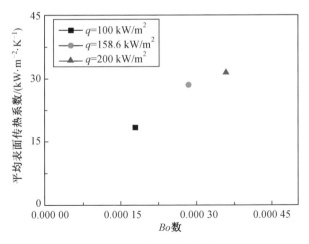

图 4.42 Bo 数与平均表面传热系数关系图

图 4.43 为不同热流密度下螺旋管内总压降、摩擦压降梯度对比曲线。由图

4.43(a) 可知,热流密度的增加使管内总压降明显增加,这是由于当热流密度较低时,管内各截面上的汽相份额较低,汽液两相混合密度较大,使管内的重力压降偏高;由图 4.43(b) 可知,摩擦压降梯度随热流密度的增加而小幅增加,质量含汽率为 0 ~ 0.07 时,热流密度从 100 kW/m² 增至 200 kW/m²,平均摩擦压降仅增加 25.8 Pa/m,因此重力压降增大是改变热流密度时总压降增大的主要原因,摩擦压降仅有微弱的影响。

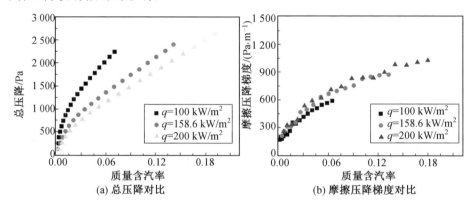

图 4.43　不同热流密度下螺旋管内总压降、摩擦压降梯度变化曲线

实际上,众多学者关于热流密度对摩擦压降的影响研究产生分歧。Xiao 等对运行压力为 2 ~ 8 MPa 的螺旋管内热流密度对压降的影响进行研究,实验数据表明热流密度对两相平均流速影响较小,对表面传热特性影响较大,而表面传热特性对摩擦压降的影响较小。而 Cioncolin 提出,管外侧施加的热流量会对摩擦压力降产生影响,并建议在计算两相摩擦阻力折算系数时引入壁面热流这一参数,他认为在液膜和蒸汽核心间的界面受到蒸发和成核过程的影响。Wongwises 针对定质量流速条件下热流密度对摩擦压降的影响进行对照实验,热流密度从 5 kW/m² 增至 10 kW/m²,在质量含汽率为 0.22 左右时,摩擦压降增加 200 Pa/m。通过上述分析可知,热流密度对摩擦压降的影响分为两方面:① 同质量含汽率下,较低热流密度的二次流强度更大(从图 4.40 可以看出);② 热流密度较高时,管壁处成核位点数量增加对主流的扰动更为明显,使湍动能增加,压降小幅上升。数值模拟结果表明这两种机制的共同作用使得热流密度对摩擦压降的影响十分小。

（4）入口 Re 的影响分析。

图 4.44 为不同入口 Re 下各截面距离入口长度和质量含汽率相对关系曲线，入口 Re 越高，等同于相同的加热量下流体质量增加，导致质量含汽率降低。图 4.45（a）（b）为距离入口 0.7 m 处截面下不同入口 Re 的对比图，从汽相体积含汽率云图中可以看出，当入口 Re 从 20 186 增至 61 621 时，体积含汽率最大值从 0.925 降至 0.847，但随着入口 Re 的增加，离心力的作用更加明显，汽相向管内侧逆时针偏移。同时，从液相径向流速矢量图可以看出，随着入口 Re 的增加，液相径向最大速度从管外侧 0° 位置向管内下侧 270° 位置顺时针滑移，但液相径向最大流速从 0.064 m/s 减小至 0.056 m/s；从流线图中可以清晰地看到涡结构在低入口 Re 下呈现内外侧对称分布，相同位置截面的涡结构会随着主流流速的增加提前顺时针偏转。为消除质量含汽率不同的影响，对比分析图 4.45（a）（c），相同质量含汽率下，距离入口长度增加，入口 Re 增加时汽液分离现象更为明显，截面汽相体积含汽率最大值增至 0.950，而二次流径向最大值由 0.064 m/s 增至 0.075 m/s，主流流速从 0.71 m/s 增至 1.50 m/s，二次流涡结构出现顺时针偏转，上侧涡结构消失。

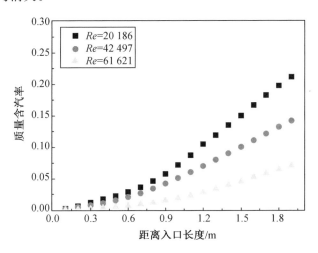

图 4.44　不同入口 Re 下各截面距离入口长度和质量含汽率相对关系曲线

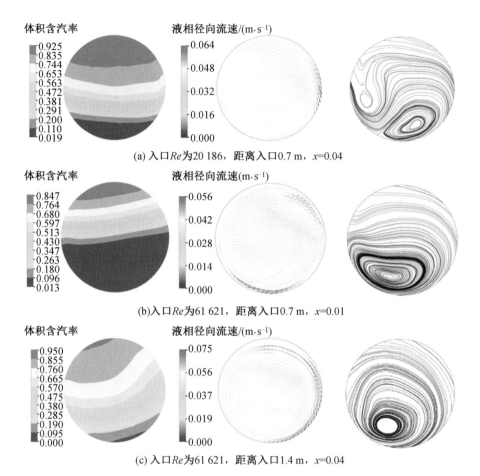

(a) 入口 Re 为 20 186，距离入口 0.7 m，$x=0.04$

(b) 入口 Re 为 61 621，距离入口 0.7 m，$x=0.01$

(c) 入口 Re 为 61 621，距离入口 1.4 m，$x=0.04$

图 4.45　不同入口 Re 下汽相体积含汽率云图、液相径向流速矢量图和
液相径向流线图（彩图见附录）

图 4.46 为不同入口 Re 下表面传热系数变化曲线，由图可知，随着入口 Re 的增加，管内湍流程度增大，边界层更薄，表面传热系数增加。通过图 4.45（a）（c）的对比分析可知，随着入口 Re 的增加，二次流强度明显增大，使得周向壁面温度分布的不均匀性下降，流体对壁面的冷却效果更好。从图 4.47 可知，壁面温度最大值从 563 K 降至 559.5 K，从壁面内上侧 100°向 110°位置逆时针偏转，与汽相分布一致，壁面周向最大温差从 10.7 K 降至 7.1 K。由图 4.46 可知，当质量含汽率处于 0～0.07 时，入口 Re 从 20 186 增至 61 621，平均表面传热系数增大 7.7 kW/(m² · K)；当质量含汽率处于 0～0.14 时，入口 Re 从 20 186 增至

42 497,平均表面传热系数增大 5.9 kW/(m² · K)。

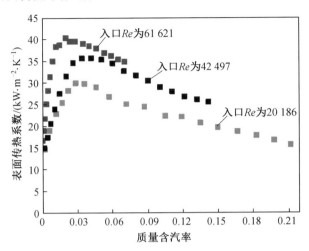

图 4.46　不同入口 Re 下表面传热系数变化曲线

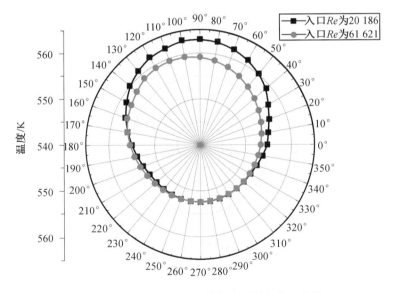

图 4.47　不同入口 Re 下周向壁面温度分布曲线

图 4.48 为不同入口 Re 下总压降和摩擦压降梯度的变化曲线。由图 4.48(a)
可以看出,总压降随入口 Re 的增加而增大。其中,加速压降随着入口 Re 的增加
而增大,相同质量含汽率下较高入口 Re 的截面距离入口长度增加使重力压降增
大。当质量含汽率为 0 ～ 0.07 时,入口 Re 从 20 186 增至 61 621,总压降增加

2 090 Pa,加速压降增加 494 Pa,占总压降增长的 23.6%,重力压降增加 501 Pa,占总压降增长的 24.0%。因此,在改变入口 Re 时,要同时考虑加速压降、重力压降和摩擦压降的变化对总压降带来的影响。

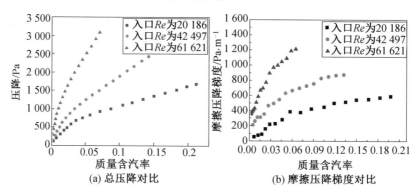

图 4.48　不同入口 Re 下总压降和摩擦压降梯度变化曲线

由图 4.48(b) 可以看出,入口 Re 增加使主流流速加快,二次流强度也明显增大,二次流扰动更为强烈,摩擦压降梯度显著增大。当入口 Re 从 20 186 增至 42 497 时,质量含汽率范围为 0 ~ 0.14 时,平均两相迪恩数约为 2 622 ~ 4 730,摩擦压降梯度从 286.3 Pa/m 增至 577.4 Pa/m。当 Re 从 20 186 增至 61 621 时,质量含汽率范围为 0 ~ 0.07 时,平均两相迪恩数为 2 622 ~ 7 098,摩擦压降梯度从 286.3 Pa/m 增至 737.1 Pa/m。

(5) 运行压力的影响分析。

图 4.49 为表 4.11 中工况 5′ 在 4 MPa 和 8 MPa 运行压力下的汽相体积含汽率云图、液相径向流速矢量图和液相径向流线图。如图 4.49 所示,随着运行压力的降低,液相密度与汽相密度的比值增大,汽液分离程度增加,汽相聚集区由管内侧逆时针偏移,但截面上的汽相体积含汽率最大值由 0.897 降至 0.882,这由两方面原因引起:一方面压力的下降导致汽化潜热增大,造成汽相份额减小,使在距离管入口 0.8 m 处截面平均质量含汽率下降;另一方面是二次流强度随着压力的降低而增强,使汽液分离程度减弱,造成汽相体积含汽率最大值下降,通过观察液相径向矢量图可以看出,随着压力的降低,二次流最大流速由 0.051 m/s 增加至 0.070 m/s,同时可见管下侧 270° 的汽相体积含汽率由 0.011 增至 0.031,这很明显地体现出二次流动对汽液分离程度的削弱效果。通过液相

径向流线图发现,随着运行压力的增大,对称涡结构顺时针偏移。

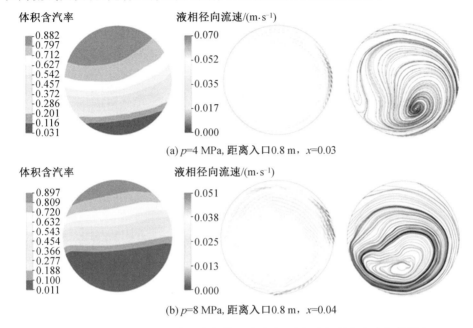

(a) p=4 MPa,距离入口0.8 m,x=0.03

(b) p=8 MPa,距离入口0.8 m,x=0.04

图 4.49　不同运行压力下汽相体积含汽率云图、液相径向流速矢量图和
液相径向流线图(彩图见附录)

图 4.50 为不同运行压力下表面传热系数随质量含汽率变化曲线,由图可知,
运行压力的增加使表面传热系数明显增大。当运行压力增大时,表面张力减小,
最小汽泡脱离直径减小,这使在较高运行压力下更容易形成壁面处汽相核心。
同时随着压力的增加,汽化潜热下降,在施加相同的壁面加热量时,体积含汽率
在各横截面处均增加,使质量含汽率增加;成核密度和汽泡产生速率增大使管内
的核态沸腾强度提高、表面传热系数增加。

图 4.51 为表 4.11 中工况 5′ 在运行压力为 4 MPa、6 MPa 和 8 MPa 时总压降
和摩擦压降梯度对比,从中可以看出,随着运行压力的增加,总压降和摩擦压降
梯度均减小,且减小的幅度随质量含汽率的增加而增大。由于汽相密度的增加
和液相密度的下降使汽液混合密度增加,造成管内主流流速减小,从而使加速压
降随着运行压力的增加大幅下降,而重力压降随混合密度的增加而增大,造成重
力压降随运行压力的增加而增大。同时运行压力的增加会使液相密度和汽相密

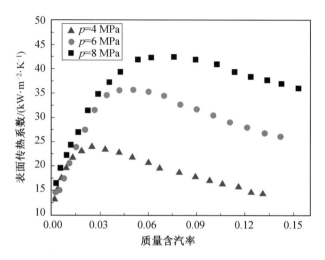

图 4.50　不同运行压力下表面传热系数随质量含汽率变化曲线

度的比值减小,从图 4.51 可以看出随着运行压力的增加汽液分离程度减弱,二次流强度受到主流流速减小和汽液分离程度减弱的综合影响明显减小,使摩擦压降梯度下降。通过量化分析,发现当质量含汽率为 0 ~ 0.13,运行压力从 4 MPa增加至 8 MPa 时,在加速压降和重力压降的共同影响下,总压降仅减小10 Pa,约占总压降减小量的 1.82%,摩擦压降平均梯度从 803.46 Pa/m 减小至413.46 Pa/m。通过以上分析发现:在数值模拟范围内的运行压力条件下,摩擦压降的改变是总压降变化的主要因素;加速压降和重力压降对总压降改变的综合作用很小,可忽略。

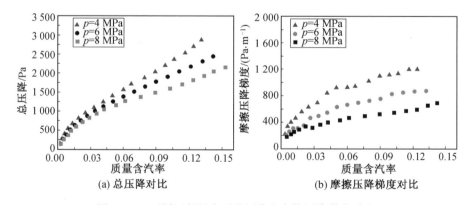

图 4.51　不同运行压力下总压降和摩擦压降梯度对比

4.4.2　螺旋管内核态沸腾传热的非均匀分布特性

（1）螺旋管内核态沸腾传热非均匀性模拟结果与实验数据对比。

螺旋管内核态沸腾传热时，同一截面壁面存在温差，为了确定数学模型模拟此现象的相对误差大小，采用表 4.8 中工况 2 下 Chung 等的实验，数值模拟结果与实验结果对比如图 4.52 所示。由图可知，壁面温度在管截面内侧 180° 处存在极大值，而在管截面的外侧 360° 处最小，且上侧和下侧非对称。数值模拟结果与实验结果相似，由此可见，建立的数学模型具有模拟螺旋管截面壁面温度非均匀分布的能力。

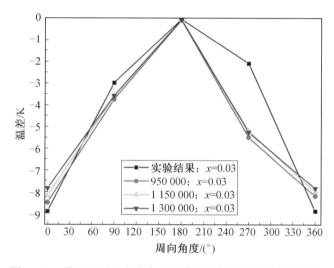

图 4.52　截面壁面温度分布的数值模拟结果和实验结果对比

当螺旋管内发生沸腾传热时，两相流体由于密度差很大，在离心力和重力的影响下会发生汽液分离和二次流动（由于汽相二次流很小，仅考虑液相受二次流动的影响），两相流体的流速和传热性质的不同使得螺旋管截面参数分布不均匀。另外，螺旋管内干度、螺旋直径、螺旋升角、螺旋管直径、质量流率、热流密度等因素对其中流体的离心力、重力和二次流动都会产生影响，故数值模拟研究这些因素对螺旋管内核态沸腾传热时截面参数分布不均匀的影响，相关工况说明见表 4.8。

（2）干度对截面参数非均匀分布的影响。

图 4.53 给出了表 4.8 中条件 3 下，沿螺旋管长度方向不同螺旋管截面的壁面温度分布。由图可知，壁面温度随着螺旋管截面周向角度变化，壁面温度急剧增加达到最大值后逐渐下降，壁面温度最大值所在区域位于 90°～180° 之间。但是随着质量含汽率的增加，管截面壁面温度差值增大，处于高温区域的壁面范围增大，同时壁面上温度的最大值所在区域从 90° 附近向 180° 附近偏移。螺旋管截面上汽液两相流在离心力和重力的作用下，向管截面的外侧和下侧聚集，但由于汽泡还会受到浮升力和液体的挤压作用，所以汽泡在管截面的内侧和上侧聚集。如图 4.54 所示，体积含汽率在螺旋管截面的内侧和上侧偏高，而在管截面的外侧和下侧偏低。而管截面上某一区域的体积含汽率增加会使得该区域液相减少，相变量和因相变在壁面上所产生的汽泡数也随之减少，汽泡脱离壁面所引起的扰动和壁面在该区域的传热系数相应减小，壁面温度随之升高，且区域内体积含汽率越大，壁面温度就越高，故出现图 4.53 所示壁面温度变化趋势。另外，随着螺旋管截面上干度的增加，两相流体的平均密度减小，流速增加，离心力和液相的二次流动增强；离心力增强促使汽泡受液相的挤压作用增强，使得管截面上体积含汽率的最大值逐渐从 90° 位置向 180° 位置移动，造成壁面温度最大值出现相应的变化。如图 4.55 所示，管截面上液相从体积含汽率高的区域向体积含汽率低的区域的二次流动增强，分布在液相中的汽泡被携带到体积含汽率低的区域，使得截面含汽率分布随干度增加而均匀程度增加，但是如图 4.54 所示，随干度增

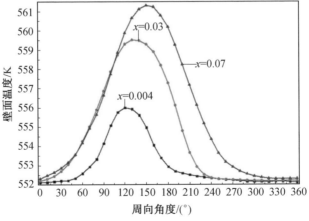

图 4.53　不同螺旋管截面的壁面温度分布

加,管截面上各处的体积含汽率都显著增大,使得处于高温区域的壁面范围明显扩大。

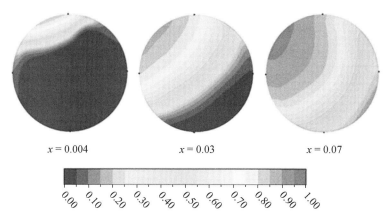

图 4.54　不同干度螺旋管截面体积含汽率云图(彩图见附录)

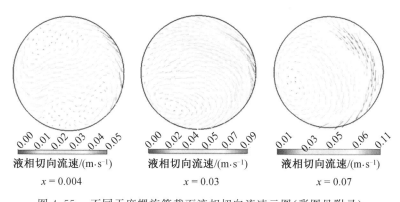

图 4.55　不同干度螺旋管截面液相切向流速云图(彩图见附录)

（3）曲率对截面参数非均匀分布的影响。

图 4.56 为表 4.8 中工况 4 下,平均干度为 0.03、不同曲率 δ 螺旋管截面壁面温度分布,从中可以看出,不同曲率的螺旋管截面壁面温度随周向角度 β 的变化趋势均与图 4.53 中的相似。另外,当曲率增加时,流体受到的离心力增强,汽相在液相的挤压作用下向截面的内侧聚集,如图 4.57 所示,随着曲率的增加,体积含汽率最大值由截面的上侧向内侧偏移且小幅度增加,故图 4.56 中,随曲率的增加,截面壁面温度最大值产生由上侧向内侧偏移且小幅度增大的现象。图 4.56 中曲率为 0.005 和 0.06 的螺旋管截面上最大壁面温度 T_{max} 分别在 120° 和 180° 附近,偏移近 60°,大小分别为 559.1 K 和 562 K,温度升高 2.9 K。同时,曲率增

加时,截面上液相从高含汽率向低含汽率的二次流动增强,如图 4.58 所示,因此减弱了由液相挤压造成的汽相聚集,使得各截面壁面温度最大值仅有小幅度增加。由于各截面干度相同,汽相的聚集造成曲率越大壁面的高温区域范围越小。值得注意的是,当曲率减小到一定值后,进一步减小曲率的影响越来越小,如图 4.56 ~ 4.58 中曲率为 0.005 和 0.01 的螺旋管截面上壁面温度分布、体积含汽率分布、液相切向流速分布几乎相同。

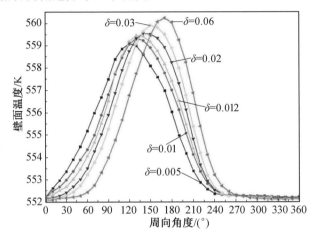

图 4.56　不同曲率螺旋管截面壁面温度分布

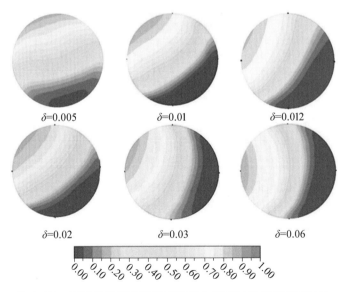

图 4.57　不同曲率螺旋管截面体积含汽率云图(彩图见附录)

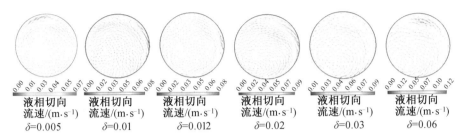

图 4.58 不同曲率螺旋管截面液相切向流速云图(彩图见附录)

(4)螺旋升角对截面参数非均匀分布的影响。

图 4.59 为表 4.8 中工况 5 下,平均干度为 0.03、不同螺旋升角下的螺旋管截面上壁面温度分布,由图可知,随着螺旋升角的增加,壁面温度最大值减小,且截面上所处位置不变,壁面高温区域增加。当螺旋升角增大时,螺旋管挠度增加,促使截面液相二次流动增强,如图 4.60 所示。由于液相二次流动的增强,被携带至低含汽率区的汽泡增加,截面汽液两相分布更加均匀,截面体积含汽率最大值减小,体积含汽率较大的区域增加,如图 4.61 所示。故壁面温度出现图 4.59 所示变化,但由于液相的二次流动仅是一个极小的量,所能引起的影响较小,故壁面温度最大值和壁面高温区域的范围仅发生很小的变化。另外,由图 4.59 和图 4.61 可知,当螺旋升角大于 6° 时,升角增加对截面壁面温度分布和体积含汽率分布的影响可忽略。

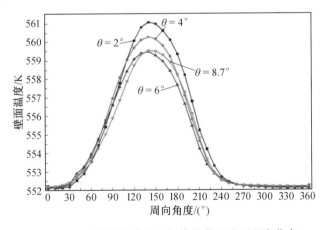

图 4.59 不同螺旋升角下螺旋管截面壁面温度分布

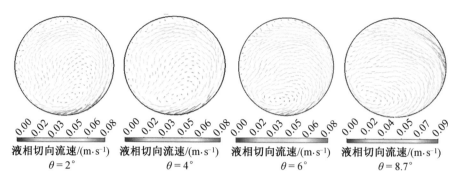

图 4.60　不同螺旋升角下螺旋管截面液相切向流速云图（彩图见附录）

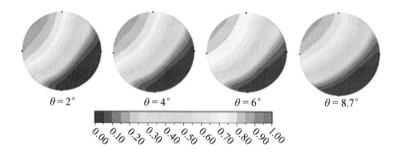

图 4.61　不同螺旋升角下螺旋管截面体积含汽率云图（彩图见附录）

（5）质量流率对截面参数非均匀分布的影响。

图 4.62 为表 4.8 中工况 6 下，平均干度为 0.03、不同 Re 下的螺旋管截面的壁面温度分布，图 4.63 为对应的螺旋管截面体积含汽率云图，图 4.64 为对应的螺旋管截面液相切向流速云图。当螺旋管形状相同时，随着 Re 的增大，流体扰动增强，流体与壁面间的强制对流传热增强。因此，如图 4.62 所示，壁面温度随 Re 的增大而减小。但由于此时沸腾传热占流体与壁面传热的主要部分，扰动对沸腾传热影响较弱，故壁面温度随雷诺数的增加仅小幅度下降。另外，如图 4.64 所示，随 Re 的增大，截面液相二次流动增强，截面汽液两相分布均匀程度增加，体积含汽率最大值减小，故壁面温度最大值再次减小。因此图 4.62 中壁面温度最大值由于受到扰动和液相二次流动的共同影响，其下降幅度明显高于平均壁面温度，故壁面温度差值随 Re 的增大而减小，壁面高温区域范围变化不大。例如工况为 $Re = 128\ 000$ 比工况为 $Re = 42\ 667$ 的螺旋管截面上的壁面温度最大值减小 3 K，壁面温度最小值减小 1.7 K，壁面温度差值减小 2 K。同时由于 Re 的增

大,离心力增大,液相的挤压作用增强,截面体积含汽率最大值由上侧向内侧偏移,图4.62中壁面温度最大值也出现相应变化。例如在工况为$Re=128\ 000$的螺旋管截面上,体积含汽率云图关于管截面水平轴心对称,而图4.62中壁面温度分布关于$180°$轴对称,相对$Re=42\ 667$工况偏移接近$60°$。

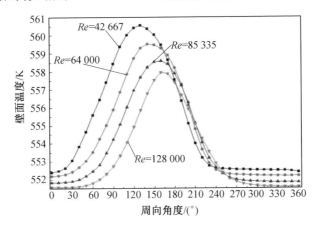

图4.62　不同Re下螺旋管截面的壁面温度分布

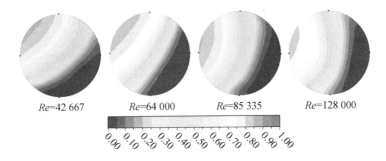

图4.63　不同Re下螺旋管截面体积含汽率云图(彩图见附录)

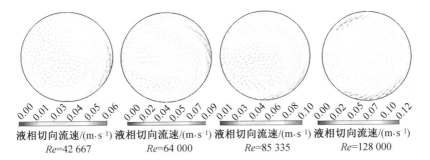

图4.64　不同Re下螺旋管截面液相切向流速云图(彩图见附录)

(6) 管子内径对截面参数非均匀分布的影响。

图 4.65 给出了表 4.8 中工况 7 下,平均干度为 0.03,相同 Re、不同管子内径的螺旋管截面壁面温度分布,图 4.66 为对应的截面体积含汽率云图,图 4.67 为对应的截面的液相流速矢量图。由图 4.65 可知,随着螺旋管子内径的增大,截面壁面温度最大值增加,且由截面内侧 160° 附近向上侧偏移至 120° 附近,同时壁面高温区域范围减小。这是由于 Re 相同时,随着管子内径的增大,截面平均流速下降,液相二次流动和离心力都有所减弱,例如管子内径为 10 mm 时离心加速度是管子内径为 15 mm 时离心加速度的 2 倍以上,液相二次流动最大值由 0.1 m/s 减小至 0.08 m/s(图 4.67)。 由于离心力减弱,液相对汽相的排挤作用减弱,截

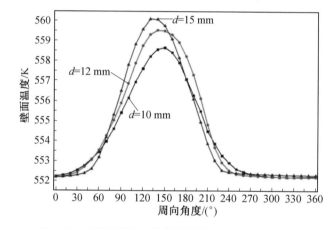

图 4.65　不同管子内径的螺旋管截面壁面温度分布

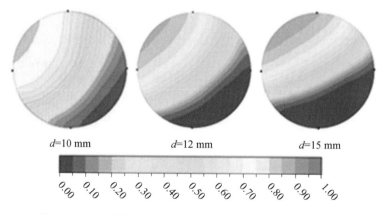

图 4.66　不同管子内径截面体积含汽率云图(彩图见附录)

面上体积含汽率最大值向截面上侧偏移,如图 4.66 所示,因此壁面温度最大值也出现相应的偏转。液相二次流动的减弱,使被液相携带至低含汽率处的汽泡减少,体积含汽率最大值增加,致使壁面温度最大值随管子内径增大而增大。另外,如图 4.66 所示,随管子内径增大,壁面处于高含汽率的范围减少,故壁面高温区域范围减小。

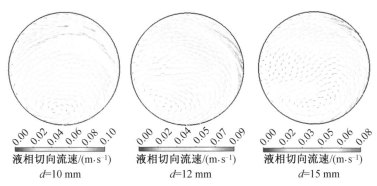

图 4.67　不同管子内径螺旋管横截面液相切向流速云图(彩图见附录)

(7)热流密度对截面参数非均匀分布的影响。

图 4.68 为表 4.8 中工况 8 下,平均干度为 0.03、不同热流密度 q 的螺旋管截面壁面温度分布,由图可知,随着热流密度的增加,壁面温度增加显著,而壁面高温区域范围和壁面温度最大值所处位置变化很小。这是由于热流密度与流速、曲率、扭率等影响螺旋管内流体离心力和二次流动的参数无关,而螺旋管截面参数非均匀分布的程度主要取决于这些参数的大小。如图 4.69 和图 4.70 所示,随管壁热流密度的增加,截面汽相分布和二次流动分布变化很小。但热流密度增加时,传热量增加较为明显,故壁面温度增加显著。如图 4.68 所示,工况为 100 kW/m² 时比工况为 200 kW/m² 时螺旋管截面上的壁面温度最大值增加 5 K,壁面温度最小值增加 2 K,壁面温度差值增加 3 K。

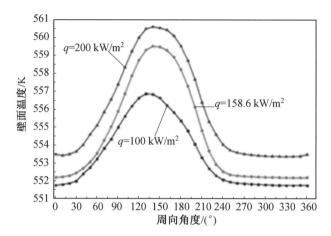

图 4.68　不同热流密度螺旋管截面壁面温度分布

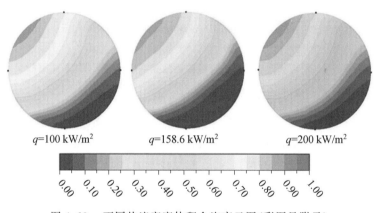

图 4.69　不同热流密度体积含汽率云图（彩图见附录）

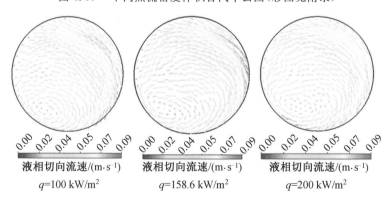

图 4.70　不同热流密度螺旋管横截面液相切向流速云图（彩图见附录）

4.5　内螺纹管内的汽液两相流动与传热

本节在光管研究的基础上进一步对垂直上升内螺纹管流动沸腾传热进行数值模拟,选取节距为 70 mm 的四头螺纹管。为避免整体计算周期长、耗费资源多采用分段计算的方式,详细分段计算方法会在本节介绍。本节主要分析轴向方向上流速、空泡份额、含汽率及温度等物理量的变化规律;接着分析截面上流速、含汽率以及内外壁面温度的分布情况;最后对比分析内螺纹管与光管的含汽率、总压降及内壁温度。

4.5.1　内螺纹管物理模型与边界条件

在实际应用中管子多以管束的集合出现,现为了研究方便只单独对一根内螺纹管进行研究,选用当量直径为 0.014 9 m、外径为 0.02 m、轴向长度为 0.14 m、牙型为矩形、螺纹高度为 1.15 mm、节距为 0.7 m 的右旋四头内螺纹管。内螺纹管物理模型如图 4.71 所示。

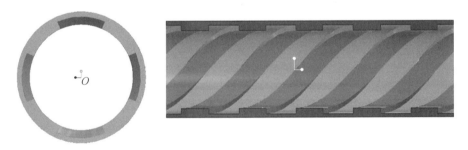

图 4.71　内螺纹管物理模型

由于在内螺纹管数值模拟时考虑了固体壁面,因此边界条件需要考虑到流固交界面边界条件的设置。在通常情况下流固交界面边界条件分为两种情况:交界面处流体域和固体域共用一层 mesh 面(网格面)、交界面处流体域和固体域分别有独自的 mesh 面。对于第一种情况只需要将交界面处的网格边界条件设置为 wall,fluent 软件便可以自动创界 shadow 面且 wall 的设置为 couple wall。对于另一种情况,需要利用 mesh interface 功能将两个流域的数据联通。在完成了流固交界面边界条件设置之后,其余边界条件及初始条件按表 4.12 设置。

表 4.12　内螺纹管数值模拟边界条件及初始条件

参数类型		数值
入口(质量流速入口)	液相质量流速 /(kg・m^{-2}・s^{-1})	731.22
	液相入口温度 /K	549
	汽相质量流速 /(kg・m^{-2}・s^{-1})	0
	汽相入口温度 /K	559.076 7
出口(压力出口)	出口参考压力 /MPa	7.01
	液相出口初始温度 /K	559.076 7
	汽相出口初始温度 /K	559.076 7
壁面(壁面边界)	内壁面折算热流密度 /(kW・m^{-2})	863

4.5.2　内螺纹管内流动沸腾传热数值模拟结果分析

1.内螺纹管分段计算

在保证计算不发散的最低网格数量大于 1 800 万,受到计算资源以及计算时间的限制时需要采用分段计算方法。为了让本书读者能够了解有关内螺纹管内汽液两相流动与传热数值模拟分段计算的基本方法和相关知识,先对分段计算进行简单介绍。

分段计算的基本原理是将无法整段计算的物理模型分为若干段,当计算完成一段时将此段的出口各物理场编写为 profile 文件并在下一段计算前读入该文件。在之后的入口边界条件选择时便选择上一段计算导出的物理场,如此循环直到最后一段计算完成。在网格划分时考虑到螺纹的影响,要使段与段之间的各物理场能够连接对应,必须将每一段长度设置为节距的整数倍,同时为方便后续计算可以尽可能地将内螺纹管等分。对于 7 m 长的内螺纹管可以将其均分为 5 段。通过尝试及验证,在分段计算过程中得出了这样一个关键的注意事项:在导出上一段计算得到的各物理场时,几何出口处物理场由于网格划分软件及 fluent 软件等本身存在的误差,若直接将导出的几何出口物理场赋值给下一段会存在连接出错的问题,因此需要在出口前设置一个真正的出口边界面,导出物理场时导出的是此出口物理场。简单地说,将 7 m 长的内螺纹管均分为 5 段,考虑到出口处存在以上问题的影响,每一段的实际长度应改为 1.54 m。

分段计算的核心是导出前一段计算的物理场并在下一段计算时读入。对于管内两相流动的第一段计算,应选择质量流量入口,在以后各段的计算中由于空泡份额无法通过数值计算得出,因此需要将流体简化为不可压流体并将入口设置为速度入口。为了实现两段内螺纹管之间的连接,需要导出出口湍流动能、uu、vv、ww、uv、uw、vw 6 个方向上的液体和汽体流速、湍流耗散率、温度场及体积含汽率等物理场。

2. 轴向方向物理量研究

(1) 汽液两相流速及空泡份额。

汽液两相在内螺纹管内流动时受到螺纹的影响会出现旋流,但对于流动过程的分区仍可以参考光管。在入口段主要为单相液强制对流区及过冷沸腾区,由于入口过冷度只有 10 K,因此单相液强制区不明显,可认为入口无单相液对流传热区。图 4.72 为汽液两相流速以及滑速比沿着内螺纹管轴向距离分布曲线;图 4.73 为空泡份额及主流平均温度沿内螺纹管轴向距离分布曲线。

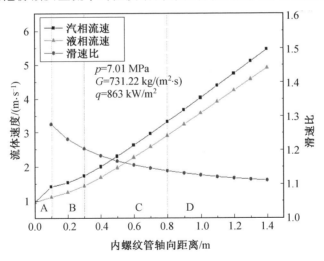

图 4.72　汽液两相流速及滑速比沿内螺纹管轴向距离分布曲线

图 4.72 中的 A 区无汽体产生且滑速比为 0,滑速比曲线从产生汽体处开始绘制。从图 4.72 可以看出,沿着内螺纹管轴向方向汽液两相流速增加,滑速比缓慢下降,且随着流动的进行下降趋于平缓。结合图 4.73 可知,0.8 m 前主流温度

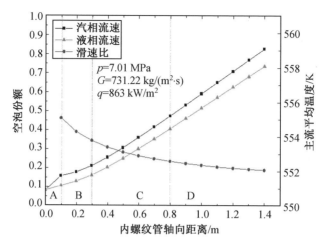

图 4.73　空泡份额及主流平均温度沿内螺纹管轴向距离分布曲线

未达到饱和温度,属于高欠热度过冷沸腾区,因此滑速比呈下降趋势。B 区为过冷沸腾区,在该区域内汽泡在壁面汽化核心处产生,由于过冷度大,产生的汽泡体积小、数量少,即使有旋流的作用,进入主流的汽泡也很少。针对旋流,可以先引入关于汽泡在径向的受力平衡方程:

$$\frac{\pi d_b^3}{6}\rho_b \frac{u_\tau^2}{r} - C_D \frac{\pi d_b^2}{4}\rho_l \frac{u_r^2}{2} = \frac{\pi d_b^3}{6}\rho_b \frac{\mathrm{d}u_r}{\mathrm{d}t} \tag{4.8}$$

$$C_D = \frac{24}{Re} = \frac{24\nu_l}{u_r d_b} \tag{4.9}$$

式中　　d_b —— 汽泡直径,m;

　　　　ρ_b —— 汽泡密度,kg/m³;

　　　　ρ_l —— 液相密度;

　　　　u_τ —— 切向流速,m/s;

　　　　u_r —— 径向流速,m/s;

　　　　C_D —— 拖曳力系数;

　　　　Re —— 雷诺数;

　　　　ν_l —— 液体运动黏度,m²/s。

根据图 4.72,从前述分析可知,光管的滑速比在入口段增加,而内螺纹管的滑速比在入口段却在下降。这可能是因为:① 对光管来说,(局部阻力)摩擦压降相对于重力压降影响较小,随着汽体的增多,汽相流速增长速度大于液相,体现为滑速比上升;对于内螺纹管而言,摩擦压降影响显著,而汽相摩擦压降大于液相摩擦压降,因此汽相流速增长减缓,体现为滑速比下降。②0 ~ 1.0 m 位置的主流温度未饱和,汽泡在旋流作用下即使靠近主流也会冷凝溃灭,使得滑速比下降,这是一个主要的原因。③ 在开始产生汽体时,由于汽液两相密度的差别,会先产生一个较大的滑速比,在产生汽泡处初始滑速比为 1.28。随后在旋流、壁面润滑作用、拖曳力(黏性力)及浮升力作用下,汽泡开始随着连续液相的流动沿着壁面移动。由于螺纹槽处壁面较薄,因此过冷沸腾起始时汽泡先集中在螺纹槽内生成,在流动过程中部分汽泡将会撞击到螺纹而降低流速。综合上述影响,在汽泡未离开螺纹槽时,先被处于过冷状态的主流冷却变回液态,具体体现为滑速比减缓。C 区(轻度过冷沸腾区)汽泡数量有所增加、体积也相对较大,产生的汽泡可以克服惯性力和表面张力脱离壁面,多数汽泡已经离开流速边界层进入主流区且主流温度接近饱和,结果体现为滑速比下降趋势减缓。D 区(饱和沸腾区)滑速比几乎不再减小,而是稳定在 1.11。对于之后的趋势,可以先大胆地预测:流动进入弹状流、环状流等区域时滑速比会有上升趋势,这会在后续的工作中继续研究。

(2)内壁温度与外壁温度。

图 4.74 为内螺纹管内外壁温度及主流平均温度轴向分布曲线;图 4.75 为内外壁面温度轴向分布云图。图 4.74 中,随着流动的进行,内外壁温度缓慢上升,由于流体处于过冷或者饱和状态,因此上升幅度不明显。值得注意的是,入口 0 m 处壁面温度略高于 0.1 m 处,其中内壁温度比外壁温度更加明显。这是因为流体刚进入内螺纹管的瞬间,并没有旋流扰动也没有过冷沸腾产生的汽泡扰动,因此传热性能在入口处稍差,导致入口壁面温度略高。

从图 4.75 可以看出,在 0 ~ 1.4 m 区段,内壁温度在有螺纹处和无螺纹处区别不明显,外壁温度在有螺纹和无螺纹处区别显著。在无螺纹部位的壁面温度较低,最低为 602.17 K;在有螺纹部位的壁面温度较高,最高壁面温度为 668.55 K。假设这是一根特殊的光管,在有螺纹处管的材料为金属,而在无螺纹处管的材料为流动的流体。结果可想而知,流动的流体与主流互相掺混,传热更

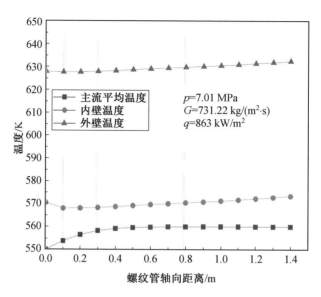

图 4.74　内外壁面温度及主流平均温度轴向分布曲线

快,因此外壁温度较低。相反,在有螺纹处壁面温度偏高。再仔细观察还可看到,在螺纹存在部位越靠近中心,壁面温度越高。这是因为螺纹的侧面和流体接触传热使得壁面温度低于中心部位。

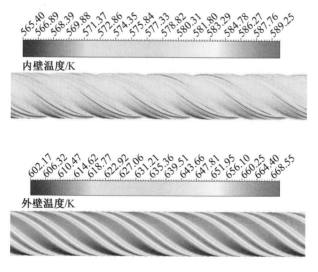

图 4.75　内外壁面温度轴向分布云图(彩图见附录)

3. 截面多物理量的分析

（1）截面流速与含汽率分布情况。

图 4.76 和图 4.77 分别是在轴向距离为 1.4 m 处的截面流速云图及体积含汽率云图。图 4.76 所示的截面流速云图是 x、y、z 三个方向的平均流速，从图中可以看出，与圆心距离越小时流速越大，中心流速约 5.4 m/s，在每一条螺纹槽内速度约 2.5 m/s。流速呈这种分布的原因是 x 和 y 方向的流速分量较小，流速主要是 z 方向流速，受黏性影响，越靠近壁面速度越小，在贴壁面处速度为 0。在螺纹槽内背风侧和迎风侧平均流速分别为 2.6 m/s 和 2.3 m/s，流速差别主要由 x 和 y 方向的流速分量引起，在迎风侧 x 和 y 方向的流速分量撞击壁面使流速降为 0，由于此时流速主要是 z 方向速度，因此流速大小差别不大。

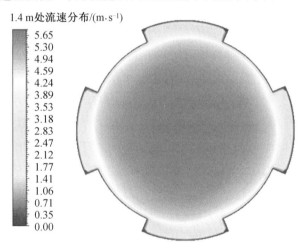

1.4 m 处流速分布/(m·s⁻¹)

| 5.65 |
| 5.30 |
| 4.94 |
| 4.59 |
| 4.24 |
| 3.89 |
| 3.53 |
| 3.18 |
| 2.83 |
| 2.47 |
| 2.12 |
| 1.77 |
| 1.41 |
| 1.06 |
| 0.71 |
| 0.35 |
| 0.00 |

图 4.76　1.4 m 处截面流速云图（彩图见附录）

图 4.77 所示的体积含汽率云图中，体积含汽率在贴近肋根处明显很低，在背风侧接近于 0.27，在迎风侧含汽率则高于背风侧，约为 0.57。通过上一部分（2. 轴向方向物理量研究）可知，轴向距离为 1.4 m 处为饱和沸腾段并已经产生较多的汽泡，结合螺纹结构不难明白：由于液相密度大于汽相密度，在流动过程中的离心力作用下，液体和汽泡分布在螺纹槽两侧。

（2）壁面温度的分布规律。

图 4.78 是在轴向距离为 0.7 m 及 1.4 m 截面处的内螺纹管内外壁温度分布

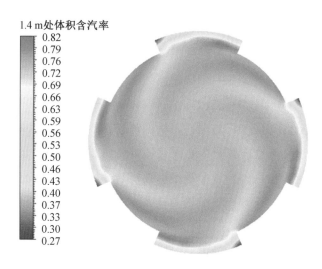

图 4.77　1.4 m 处截面体积含汽率云图（彩图见附录）

曲线及角度对应几何位置示意图；图 4.79 是在轴向距离为 0.7 m 及 1.4 m 截面处的内螺纹管内外壁面温度云图，视图方向为主流流体流入方向。

　　对于节距为 70 mm 的内螺纹管，在轴向距离是节距整数倍时，截面在物理几何上是相同的。对于 0.7 m 和 1.4 m 两个轴向距离的截面，温度分布规律大致相同，因此可以针对单个截面进行分析。观察图 4.78 中的内外壁温度曲线可以看出，随轴向距离的增加，内壁温度的变化较外壁温度的变化显著。就同一位置的内壁温度而言，肋根部温度低于肋顶部温度，原因在上文已经做出解释。进一步观察可以发现，随着轴向距离的增加，这种差别更加明显，原因可能是在轴向距离为 0.7 m 时处于过冷沸腾区，因此产生的汽泡较少，汽泡的扰动对传热的影响较小；在轴向距离为 1.4 m 处的饱和沸腾区，肋根部处壁厚较小，产生的汽泡较多，而此时汽泡的存在对传热的影响更明显。

　　仔细观察图 4.79 中的内外壁温度云图可以看到，单个螺纹上的温度并非均匀分布。螺纹的两侧温度差别显著，同一条螺纹的肋顶部在 $-23.7°$ 处的壁面温度低于 $23.7°$ 处。影响壁面温度的因素主要是表面传热系数，表面传热系数又决定于流速及流体导热系数。通过上述对截面流速和截面体积含汽率的分析可知，此时槽内两侧速度都较小且差别不明显，并不是造成壁面温度差异的主要原因。而受旋流作用，含汽率在槽内两侧分布不均匀，在体积含汽率低的一侧流体

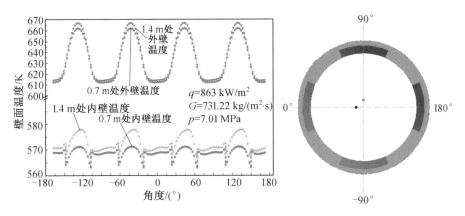

图 4.78　内螺纹管内外壁温度分布曲线及角度对应几何位置示意图

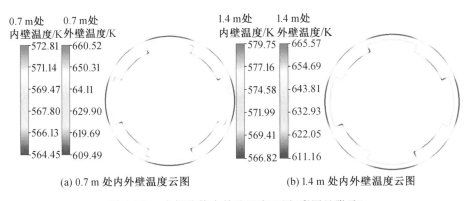

(a) 0.7 m 处内外壁温度云图　　　　(b) 1.4 m 处内外壁温度云图

图 4.79　内螺纹管内外壁温度云图(彩图见附录)

几乎全部为液体,表面传热系数高于另一侧,因此引起壁面温度差别。这是在过冷沸腾段和饱和沸腾段出现的壁面温度分布情况,这种区别对于内壁温度而言比较明显,再观察外壁面温度可知旋转流动对外壁面温度影响较小,对于相同物理几何区域可以近似认为温度均匀对称分布。

4.5.3　内螺纹管与光管垂直上升流动沸腾传热特性对比

1.轴向含汽率和截面含汽率对比

图 4.80 是轴向距离为 $0 \sim 1.4$ m 的光管与内螺纹管含汽率轴向分布曲线;图 4.81 是在轴向距离为 1.4 m 处的截面上两种管子体积含汽率的云图。

从图 4.80 可以看出,相同位置处光管体积含汽率略高于内螺纹管。影响体

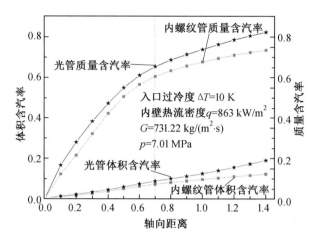

图 4.80　光管与内螺纹管含汽率轴向分布曲线

积含汽率的因素很多:首先,从热力学角度来说,因为要保证当量直径、热流密度及质量流速相同,通过计算可知光管中折算到单位质量流体上吸收的热量略大于内螺纹管的,从而导致含汽率较高。其次,由于结构的影响,在轴向距离为 0.7 m 以前,主流处于过冷沸腾状态,旋流使得汽泡更快进入主流与主流混合传热,汽泡的离开也使壁面上能有更多的汽化核心产生新的汽泡,所以在一定程度上减小了由于热力学造成的体积含汽率差别。轴向距离为 0.7 ~ 1.4 m 的流体处于饱和核态沸腾段,由于汽泡体积变大、数量变多,光管即使没有旋流作用,汽泡受到的黏性力和浮升力也能克服惯性力及表面张力离开壁面进入主流,结构作用比热力学作用弱,因此差别比轴向距离为 0.7 m 前的区段更加明显。

　　对比图 4.81(a)(b) 可知,体积含汽率在截面上的分布有着明显的区别,由于汽泡主要先在壁面上的汽化核心处产生,因此可以看到光管体积含汽率沿着半径减小的方向逐渐减小,且在相同半径处体积含汽率基本相同。再观察内螺纹管,在圆形流道区域的体积含汽率呈螺旋状分布。在离心力作用下,螺纹槽内密度较大的液体和密度较小的汽体分布在螺纹槽两侧。仔细观察可以发现,在背风侧肋根部体积含汽率仅有 0.27,通过对比可以清楚地看到螺纹结构对汽液两相分布的显著影响,在旋流的作用下使在壁面产生的汽泡能够进入主流,这正是内螺纹管可以起强化传热作用的原因之一。

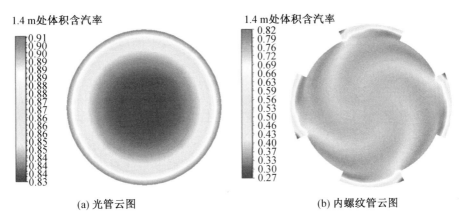

(a) 光管云图　　　　　　　　　　(b) 内螺纹管云图

图 4.81　1.4 m 处光管与内螺纹管体积含汽率云图(彩图见附录)

2.管内总压降对比

图 4.82 和图 4.83 是内螺纹管与光管压力沿轴向分布曲线及压降梯度曲线。可以看到,在相同长度上内螺纹管总压降为 13.85 kPa,光管总压降为 8.82 kPa。在垂直上升管内流动沸腾中总压降由三部分组成:重力压降、摩擦压降和加速度压降。内螺纹的影响可以归类为摩擦压降,即由于内螺纹的存在使得内螺纹管在相同长度上总压降大于光管总压降。

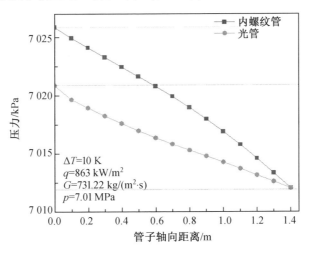

图 4.82　内螺纹管与光管压力沿轴向分布曲线

进一步对压降梯度进行分析,从图 4.83 可以看到,光管的压降梯度沿着轴向方向逐渐减小,而内螺纹管的压降梯度先有一个减小而后呈上升的趋势。对于光管,重力压降占主要部分,在轴向距离上随着含汽率的增加,流体的平均密度减小,因此压力下降速度减缓,即压降梯度不断减小。对于内螺纹管而言,除重力压降外,摩擦压降(或者说局部阻力)对总压降的贡献也很大,在管子轴向距离为 0.2 m 前含汽率很低,主要是预热段,同时压降梯度随着密度的减小而减小。但在管子轴向距离为 0.2 m 后,汽体的影响不可忽略。相对于摩擦压降而言,汽相摩擦压降大于液相摩擦压降,且随着含汽率增加,流型的变化也会对压降产生影响。因此在一定的含汽率范围内,压降梯度随着含汽率增长不断增加。通过压降对比可以看到,虽然螺纹强化了传热,但同时也增加了流动阻力,使得能耗增加。在后续的研究中需要综合考虑强化传热程度和阻力增加的影响。

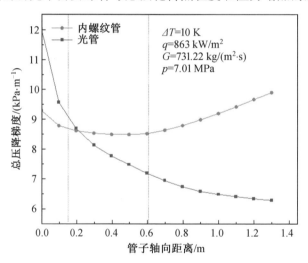

图 4.83　内螺纹管与光管压降梯度曲线

3.管内壁温度对比分析

图 4.84 是在管子轴向距离为 $0 \sim 1.4$ m 处,内螺纹管与光管内壁温度对比。图片结果显示计算过程中出现了问题,其中最明显的一点就是相同位置处内螺纹管的内壁温度比光管的内壁温度平均高出 $9 \sim 10$ K。这显然不同于内螺纹管强化传热的结果。但是通过上述流动分析,可以明确内螺纹的存在确实可以起到强化传热作用。之所以出现这样的结果,有以下几种原因。

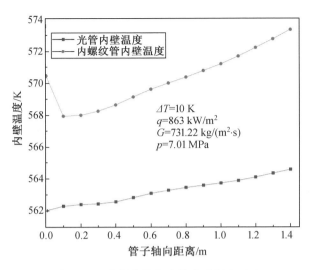

图 4.84　内螺纹管与光管内壁温度对比

① 为了便于对比,所给定的光管边界条件存在问题。具体地说,虽然控制了水力直径、热流密度、质量流速及入口水温相同,但是由于直径不同,总的吸热量是不一样的。控制热流密度没错,但是应该保证内外径相同。此外,由于保证了水力直径相同,因此流通截面积不同。两种影响共同作用的结果体现为单位质量流速工质吸收的热量不同,故通过计算得到的光管内壁温度高于内螺纹管相应的数值。

② 在计算过程中,内螺纹管考虑了固体域,而光管为了简化计算只对流体域进行了计算,忽略了固体域造成的影响。

③ 内螺纹管第一段单独计算,因此出口边界条件的限制压力为 7.01 MPa,而光管进行的是整体计算,在轴向距离为 1.54 m 处压力并不是 7.01 MPa。

以上是目前存在的主要问题,针对上述问题给出如下相应的解决方案。

① 在对比计算时内螺纹管和光管同时考虑固体域,且保证内外径数值相同,唯一不同点只在于内螺纹管在内径上增加了肋(即内螺纹)。

② 保证质量流量、运行压力、外径壁面热流密度及流体入口温度相同再进行计算。

③ 在计算过程中应该增加壁面网格层数,更细节地捕捉壁面温度。

本章参考文献

[1] ISHII M，GROLMES M A. Inception criteria for droplet entrainment in two-phase concurrent film flow[J]. AIChE Journal，2010，21(2):308-318.

[2] HORI K，NAKASATOMI M. Study of ripple region in annular two-phase flow[J]. Trans. Jpn. Soc. Mech. Eng. ，1978，44:3847-3856.

[3] HENSTOCK W H，HANRATTY T J. The interfacial drag and the height of the wall layer in annular flows[J]. AIChE Journal，1976，22(6): 990-1000.

[4] TATTERSON D F，DALLMAN J C，HANRATTY T J. Drop sizes in annular gas-liquid flows[J]. AIChE Journal，1977，23(1):68-76.

[5] FUKANO T，FURUKAWA T. Prediction of the effects of liquid viscosity on interfacial shear stress and frictional pressure drop in vertical upward gas-liquid annular flow[J]. Transactions of the Japan Society of Mechanical Engineers，1996，62(4):587-603.

[6] MACGILLIVARY R. Gravity and gas density effects on annular flow average film thickness and frictional pressure drop [M]. Saskatoon, Canada：University of Saskatchewan，2004.

[7] BERNA C，ESCRIVA A，MUNOZ-COBO J L，et al. Review of droplet entrainment in annular flow：interfacial waves and onset of entrainment [J]. Progress in Nuclear Energy，2014 ，74:14-43.

[8] JU P，BROOKS C S，ISHII M. Film thickness of vertical upward co-current adiabatic flow in pipes[J]. International Journal of Heat & Mass Transfer，2015，89:985-995.

[9] KIRB G J. New correlation of non-uniformly heated round tube burnout data[R]. Winfrith：Atomic Energy Establishment，1996.

[10] MACBETH R V. Burn-out analysis. Part 5. Examination of published world

data for rod bundles[R]. Winfrith：Alomic Energy Authoity，1964.

[11] BARNETT P G. A comparison of the accuracy of some correlations for burnout in annuli and rod bundles[R]. Winfrith：Atomic Energy Establishment，1968.

[12] HEALZER J M，HENCH J E. Design basis for critical heat flux condition in boiling water reactors[R]. San Jose：General Electric Co. ，1966.

[13] CONDIE K G，BENGSTON. Development of the MOD 7 CHF correlation [R]. Idaho Falls：Idaho National Engineeing Lab. ，1978.

[14] BOWRING R W. A new mixed flow cluster dryout correlation for pressures in the range 0. 6～5. 5 MN/m² for use in a transient Blowdown code[C]. Manchester：Proceedings of the IME Meeting on Reactor Safety，1977.

[15] REDDY D，FIGHETTI C. Parametric study of CHF data. Volume 2. A generalized sub-channel CHF correlation for PWR and BWR fuel assemblies[R]. New York：Electric Power Research Institute，1983.

[16] GEPING W，SUIZHENG Q，GUANGHUI S，et al. CHF and dryout point in vertical narrow annuli[J]. Nuclear Engineering and Design，2007，237(22)：2175-2182.

[17] DOROSHCHUK V E，LEVITAN L L，LANTSMAN F P. Recommendations for the calculation burnout in a round tube with uniform heat release[J]. Teploenergetika，1975(12)：66-70.

[18] YOON S H，CHO E S，HWANG Y W，et al. Characteristics of evaporative heat transfer and pressure drop of carbon dioxide and correlation development [J]. International Journal of Refrigeration，2004，27(2)：111-119.

[19] WOJTAN L，URSENBACHRE T，THOME J R. Investigation of flow boiling in horizontal tubes：Part I—A new diabatic two-phase flow pattern map[J]. International Journal of Heat and Mass Transfer，2005，48(14)：2955-2969.

[20] DAVIDE D C，ALBERTO C，STEFANO B. Dryout during flow boiling

in a single circular minichannel: experimentation and modelling[C]. Jacksonville, Florida, USA: Asme Heat Transfer Summer Conference Collocated with the Fluids Engineering, 2008.

[21] CHEN X J, ZHOU F D. Forced convective boiling and post-dryout heat transfer in helically coiled coiled tubes[C]. San Francisco: Heat Transfer, Proceeding of the International Heat Transfer Conference, 1986.

[22] YU X, SUN B, LI Y, et al. Numerical investigation of thermal-hydraulic parameter distribution characteristics during dryout evolution in the helically coiled once-through steam generator[J]. International Journal of Heat and Mass Transfer, 2019, 139:373-385.

[23] BERTHOUD G, JAYANTI S. Characterization of dry out in helical coils [J]. International Journal of Heat Mass Transfer, 1989, 33:1451-1463.

[24] WANG K W H, KIM D E, YANG K H, et al. Experimental study of flow boiling heat transfer and dryout characteristics at low mass flux in helically-coiled tubes[J]. Nuclear Engineering & Design, 2014, 273: 529-541.

[25] 毛宇飞,郭烈锦,白博峰,等. 螺旋管内高压汽水两相流动沸腾干涸点的研究[J]. 工程热物理学报,2011(7):1145-1148.

[26] KONIKOV A S, MODNIKOVA A. Experimental study of the conditions under which heat exchange deteriorates when a steam-water mixture flows in heated tubes[J]. Teploenergetika, 1966, 10(5): 49-52.

[27] BECKER K M, LING C H, HEDBERG S, et al. An experimental investigation of post dryout heat transfer[R]. Stockholm: Department of Nuclear Reactor Engineering, Royal Institute of Technology report KTH-NEL-33, 1983.

[28] 李祥东,汪荣顺,黄荣国,等. 垂直圆管内液氮流动沸腾的理论模型及数值模拟[J]. 化工学报,2006,57(3):491-497.

[29] 林宗虎.气液两相流动和沸腾传热[M].西安:西安交通大学出版社,1987.

[30] HARDIK B K，PRABHU S V. Boiling pressure drop and local heat transfer distribution of helical coils with water at low pressure［J］. International Journal of Thermal Sciences，2017，114:44-63.

[31] CHISHOLM D. Pressure gradients due to friction during the flow of e-vaporating two-phase mixtures in smooth tubes and channels［J］. International Journal of Heat and Mass Transfer，1973，16(2):347-358.

[32] GUO L，FENG Z，CHEN X. An experimental investigation of the frictional pressure drop of steam-water two-phase flow in helical coils［J］. International Journal of Heat and Mass Transfer，2001，44:2601-2610.

[33] CIONCOLINI A，SANTINI L. Two-phase pressure drop prediction in helically coiled steam generators for nuclear power applications［J］. International Journal of Heat and Mass Transfer，2016，100:825-834.

[34] SANTINI L，CIONCOLINI A. Two-phase pressure drops in a helically coiled steam generator［J］. International Journal of Heat and Mass Transfer，2008，51: 4926-4939.

[35] ZHAO L，GUO L，BAI B，et al. Convective boiling heat transfer and two-phase flow characteristics inside a small horizontal helically coiled tubing once-through steam generator［J］. International Journal of Heat and Mass Transfer，2003，46(25):4779-4788.

[36] 周云龙,孙斌,张玲. 多头螺旋管式换热器换热与压降计算[J]. 化学工程，2004,32(6):28-34.

[37] VASHISTH S，NIGAM K D P. Prediction of flow profiles and interfacial phenomena for two-phase flow in coiled tubes[J]. Chemical Engineering & Processing Process Intensification，2009，48(1):452-463.

[38] XIAO Y，HU Z，CHEN S，et al. Experimental study of two-phase frictional pressure drop of steam-water in helically coiled tubes with small coil diameters at high pressure[J]. Applied Thermal Engineering，2017: 19-29.

[39] CIONCOLINI A，SANTINI L. Two-phase pressure drop prediction in

helically coiled steam generators for nuclear power applications[J]. International Journal of Heat and Mass Transfer, 2016,100:825-834.

[40] WONGWISES S, POLSONGKRAM M. Evaporation heat transfer and pressure drop of HFC-134a in a helically coiled concentric tube-in-tube heat exchanger[J]. International Journal of Heat and Mass Transfer, 2006, 49(3-4):658-670.

[41] SAKASHITA H, ONO A. Boiling behaviors and critical heat flux on a horizontal plate in saturated pool boiling of water at high pressures[J]. International Journal of Heat and Mass Transfer, 2009, 52(3):744-750.

[42] CUMO M, FARELLO G E, FERRARI G. The influence of curvature in post dry-out heat transfer[J]. International Journal of Heat and Mass Transfer, 1972, 15:2045-2062.

[43] 车得福,李会雄. 多相流及其应用[M].西安:西安交通大学出版社,2007.

[44] RIVAS E, MUÑOZ-ANTÓN J. Dryout study of a helical coil once-through steam generator integrated in a thermal storage prototype[J]. Applied Thermal Engineering,2020,170(C):115013.

[45] FERREIRA J,KAVIANY M. Direct simulation of flow-boiling crisis and its porous-metasurface control for very large dryout limit[J]. International Journal of Heat and Mass Transfer,2022,194:123051.

[46] YANG K,GAO Y,XU B,et al. Dryout quality prediction in helical coils based on non-uniform liquid film thickness distribution:a model study[J]. Applied Thermal Engineering,2023,218:119326.

[47] YU D L,XU C,HU C J,et al. Universal approach to predicting full-range post-dryout heat transfer under uniform and non-uniform axial heat fluxes [J]. Nuclear Engineering and Design,2022,393:111790.

第 5 章

直管式直流蒸汽发生器中的汽液两相流动与传热特性

本章以直管式直流蒸汽发生器为研究对象,采用第 3 章建立的数学模型分别进行基于第二类边界条件和实际耦合传热边界的直管式直流蒸汽发生器汽液两相流动传热特性数值模拟研究。通过定义新参数——偏离度实现蒸干后偏离热力平衡程度的量化,并基于此提出蒸干后缺液区过热蒸汽温度的计算方法,可为直流蒸汽发生器等汽液两相换热设备传热区域的合理确定提供一定的工程参考。最后探讨质量流速、热流密度、压力和入口过冷度等不同运行参数下直管式直流蒸汽发生器的汽液两相流动传热特性。

在直流蒸汽发生器实际运行过程中,一次侧高温高压冷却剂通过传热管束对二次侧流体进行加热,二次侧流体吸收热量后转变为过热蒸汽(必然伴随蒸干传热恶化现象的发生),进而进入汽轮机实现做功。本书将这种实际运行边界称为耦合传热边界。如果采用耦合传热边界条件进行蒸干研究,将增加非常多需要控制的模块和参数,例如一次侧高温高压冷却剂系统及其流量、温度和压力等。由于这种加热方式在实验室条件下较难实现,所以目前大多数蒸干研究采用电加热方式(实验研究)或第二类边界条件(即通过数值模拟给定热流密度)。众所周知,基于电加热方式的实验研究和基于第二类边界条件的数值模拟研究均能够较为准确地揭示两相流动沸腾过程、蒸干机理及蒸干后传热特性。但是基于第二类边界条件的研究与直流蒸汽发生器的实际工作过程不同。因此有必要进行基于不同传热边界条件的直流蒸汽发生器蒸干研究,通过将其结果与基于第二类边界条件的蒸干研究结果进行对比,以判断基于第二类边界条件的研究是否能真实反映其实际工作过程。

蒸干发生后壁面直接与蒸汽接触,缺液区管壁处热量被蒸汽经由对流传热吸收,蒸汽进入过热状态。同时蒸汽中夹带的饱和液滴仍有机会参与流动传热,导致缺液区传热存在一定程度的偏离热力平衡,介于完全热力平衡和完全偏离热力平衡两极限之间,如何衡量偏离热力平衡程度是一个值得探讨的问题。因此,有必要提出衡量蒸干后偏离热力平衡程度的量化指标,并进一步根据量化指标提出计算缺液区过热蒸汽温度的方法,以预测从缺液区向单相汽对流区转变时的过热蒸汽温度,为直流蒸汽发生器等汽液两相换热设备热力计算的合理分区提供新的方法和思路。

针对直管式直流蒸汽发生器稳态运行过程中发生的蒸干进行数值模拟研

究。数值计算时,基于有限体积法对控制方程的对流项、扩散项和压力梯度项等采用迎风格式、中心差分格式和基于最小二乘法的离散格式进行离散,使用隐式耦合算法同时对相速度关联式和共享压力关联式的所有方程进行求解,并且使用全隐式格式处理相间传递及其他封闭关联式。考虑到直流蒸汽发生器内复杂的汽液两相流动与传热过程使数值模拟过程较难稳定,因此在计算初始阶段各项时均采用精度较低的离散格式,待经过一定的迭代步数计算使之相对趋于稳定后,采用高阶离散格式以得到精度更高的数值模拟结果。在数值模拟求解上述方程的过程中当能量残差小于 10^{-6},其余所有变量残差小于 10^{-3},并且监控的局部位置关键热工水力参数达到稳定状态时认为数值模拟求解过程达到收敛。

5.1　基于第二类边界条件的直管式直流蒸汽发生器中的汽液两相流动与传热特性

5.1.1　数值模拟结果与不同边界条件下运行数据的对比分析

目前蒸干传热恶化现象的主要研究对象是流体在管内经历的流动与传热过程,通常采取的加热方式是定热流密度。但是在本节进行的基于 Babcock & Wilcox 公司设计的原型直管式直流蒸汽发生器的研究中,加热方式为一、二次侧耦合传热,并且蒸干传热恶化现象发生在二次侧(即传热管束间)。为了分析基于第 3 章数学模型进行直管式直流蒸汽发生器中汽液两相流动与传热数值模拟时的结果与运行数据的相对误差,分两步进行对比:第一步,基于第二类边界条件对管内发生的蒸干传热恶化现象及蒸干后传热特性进行对比;第二步利用 Babcock & Wilcox 公司提供的仅有的内外壁平均壁面温度和一次侧高温高压冷却剂温度沿传热管轴向高度分布的实验数据对数学模型和方法进行对比。

(1) 基于第二类边界条件的对比分析。

为了分析两流体两流场数学模型、两流体三流场数学模型和数值模拟方法用于预测蒸干及蒸干后传热的相对误差大小,采用 Becker 的实验数据进行对比。Becker 进行的是不同几何尺寸下圆管内流体竖直向上流动过程中发生的蒸干及蒸干后传热实验,提供了一些可利用的不同运行参数下的蒸干相关实验数据。模型验证中采用的几何参数和对比分析中采用的关键运行参数分别示于表5.1和表5.2,物理模型如图5.1所示。

表 5.1　模型验证中采用的几何参数

参数	数据
管外径 /mm	14 ～ 20.8
壁厚 /mm	2 ～ 2.95
传热管高度 /mm	7 000

表 5.2　对比分析中采用的关键运行参数

参数	工况 10	工况 36	工况 309	工况 332	工况 436
入口质量流速 /(kg · m^{-2} · s^{-1})	2 584.8	504.9	2 542.4	496.4	1 495.3
入口过冷度 /K	11.4	13.1	9.7	9.3	10
出口压力 /MPa	20.02	19.94	3.01	3	7.02
出口饱和温度 /K	638.98	638.64	507.19	507.01	559.17
热流密度 /(W · cm^{-2})	59.6	15.0	87.5	46.4	79.7

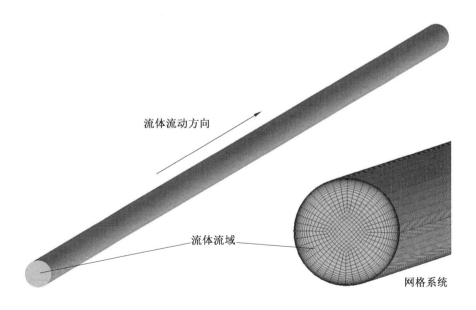

图 5.1　物理模型

汽液两相摩擦压降分布的对比分析如图 5.2 和图 5.3 所示。其中图 5.2 为与本节研究参数相近的实验工况(对应 Becker 实验中的工况 436)下的摩擦压降分布,图 5.3(a)~(d)分别为 Becker 实验中的工况 10、工况 36、工况 309 和工况 332(分别对应高压高质量流速、高压低质量流速、低压高质量流速和低压低质量流速,覆盖较大的压力和质量流速范围)下的摩擦压降分布。由于蒸干相关公开文献中鲜有涉及摩擦压降的实验数据,因此将数值模拟结果与采用目前应用较为广泛的汽液两相流摩擦压降经验关联式所得计算结果进行对比分析。从图 5.2 和图 5.3 中可以看出,模拟的摩擦压降结果与 Martinelli－Nelson 计算法的预测结果相对误差最小,表 5.2 中 5 种工况下的相对误差均在 ±20％ 以内,而与其余计算法的预测结果相对误差较大。其原因是:Chisholm 计算法是基于 Lockhart－Martinelli 计算法提出的,而 Lockhart－Martinelli 计算法适用于低压汽液混合物的摩擦压降预测,因此用于预测汽液混合物的摩擦压降时相对误差通常偏大;Thom 计算法的预测结果和基于均相流模型计算法得到的值比较一致。Chisholm 计算法与 Thom 计算法的适用对象均与本节研究对象有所区别,

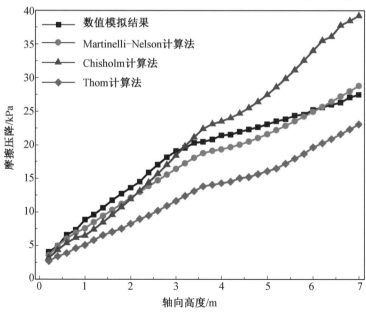

图 5.2　工况 436 的摩擦压降分布

因此相对误差较大。而 Martinelli－Nelson 计算法基于从常压到高压范围加热和不加热两种情况下的管内汽水混合物流动提出，这与本节研究范围非常接近，因此预测的相对误差也较小。

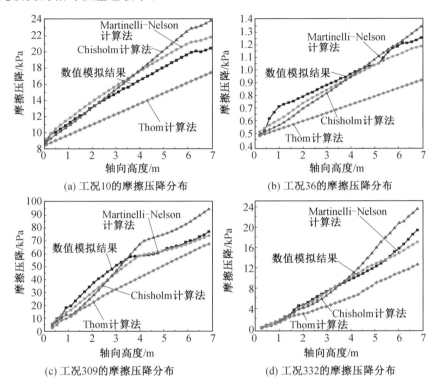

图 5.3　摩擦压降结果的对比

表 5.2 中 5 种工况传热结果的对比如图 5.4 所示。其中，图 5.4(a) 为与本节运行状态相近的实验状态(工况 436)下的轴向壁面温度分布，图 5.4(b)(c) 分别为 4 种运行状态(工况 10、工况 36、工况 309 和工况 332)下的轴向壁面温度分布，图 5.4(d)(e) 分别为 5 种不同运行工况下的蒸干位置和蒸干处壁面温度轴向变化率的对比结果。

众所周知，直流蒸汽发生器流动沸腾和蒸干过程中最重要、最受关注的是蒸干位置和蒸干处的壁面温度轴向变化率，而这也是本节对比分析所关注的重点。通过上述对比分析可以发现，第 3 章所采用的数学模型和数值模拟方法可以较为准确地预测轴向壁面温度的分布、蒸干发生位置和相应的壁面温度轴向变化率,相对误差都在 ±10％ 以内。

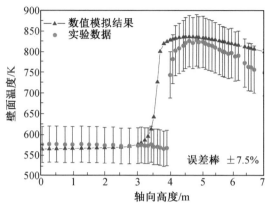

(a) 工况436的轴向壁面温度分布

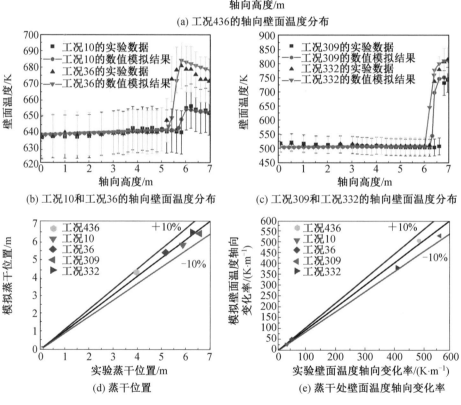

(b) 工况10和工况36的轴向壁面温度分布　　(c) 工况309和工况332的轴向壁面温度分布

(d) 蒸干位置　　　　　　　　　　　(e) 蒸干处壁面温度轴向变化率

图5.4　传热结果的对比

（2）基于实际耦合传热边界的对比分析。

蒸干及蒸干后传热的研究对象是 Babcock & Wilcox 公司设计的原型直管

式直流蒸汽发生器。由于公开文献中仅提供了该蒸汽发生器的传热管平均壁面温度和一次侧高温高压冷却剂温度沿传热管轴向高度的实验数据,因此针对这两个参数进行对比分析,见表 5.3;相应的蒸干位置及该位置壁面温度轴向变化率对比见表 5.4。从表 5.3 中可以看出,在实际耦合传热过程中,蒸干及蒸干后轴向平均壁面温度的最大相对误差约为 1.58%;从表 5.4 中可以看出,蒸干位置所占高度比例及蒸干处的壁面温度轴向变化率的相对误差分别约为 7.35% 和 8.21%。以上结果表明所采用的模型和方法可以用于预测直流蒸汽发生器二次侧(即传热管束间)发生的蒸干传热恶化现象及蒸干后传热特性,绝对误差和相对误差在工程可接受的范围内。

表 5.3　轴向壁面温度数值模拟结果与实验数据的对比

高度比例 /%	平均壁面温度				一次侧高温高压冷却剂温度			
	计算结果 /K	实验值 /K	绝对误差 /K	相对误差 /%	计算结果 /K	实验值 /K	绝对误差 /K	相对误差 /%
3.25	554.86	559.55	−4.69	0.84	566.70	563.82	2.88	0.51
10.03	556.33	560.37	−4.04	0.72	567.37	566.14	1.23	0.22
19.07	557.12	561.60	−4.48	0.80	568.86	569.15	−0.29	0.05
31.50	557.99	563.41	−5.42	0.96	571.59	573.35	−1.76	0.31
41.67	559.06	565.12	−6.06	1.07	573.70	576.91	−3.21	0.56
49.58	560.61	566.25	−5.64	1.00	576.03	579.58	−3.55	0.61
60.88	564.24	568.41	−4.17	0.73	579.55	583.50	−3.95	0.68
69.92	565.93	574.99	−9.06	1.58	582.61	585.75	−3.14	0.54
78.95	580.12	583.80	−3.68	0.63	586.21	587.20	−0.99	0.17
90.25	586.10	585.32	0.78	0.13	587.50	588.06	−0.56	0.10
99.29	586.53	586.97	−0.44	0.07	587.83	589.59	−1.76	0.30

表 5.4　蒸干位置及该位置壁面温度轴向变化率对比

参数	数值结果	实验数据	绝对误差	相对误差
蒸干位置所占高度比例	73%	68%	5%	7.35%
蒸干处的壁面温度轴向变化率	22.4 K/m	20.7 K/m	1.7 K/m	8.21%

5.1.2 基于拟合热流密度的热工水力特性研究

蒸干传热恶化现象的发生致使二次侧流体与管壁间的表面传热系数急剧降低,壁面温度剧烈上升。它的发生说明两相流型从环状流向雾状流过渡,从传热的角度讲意味着两相流动沸腾由环状液膜强制对流蒸发区转变为缺液区,该现象在许多工程应用中都有涉及。例如核电和压水堆核动力系统中的直流蒸汽发生器和棒束、直流锅炉、制冷行业中的蒸发器及化工等领域涉及的换热器等。为保证这些设备在实际运行时安全可靠,需要保证壁面温度不超过材料的许用温度,同时为了降低维修、更换频率,应该尽量地降低壁面温度轴向变化率及由此引发的应力腐蚀和老化失效,尤其是蒸干发生处的壁面温度飞升幅度和壁面温度轴向变化率。因此为避免造成设备损坏和安全事故,研究实际设备运行时的蒸干及蒸干后传热特性至关重要。

基于近似模化法,按照原比例将Babcock & Wilcox公司设计的原型直管式直流蒸汽发生器二次侧简化,作为研究的三维物理模型。进而通过直流蒸汽发生器热工水力计算得到二次侧壁面热流密度分布,以期使研究过程能够更加接近实际工作工程。然后采用第3章给出的控制方程及相关封闭关联式预测直流蒸汽发生器二次侧的流动沸腾与传热过程,包括单相液对流传热、核态沸腾及蒸干后传热。

(1)二次侧物理模型、网格系统及边界条件。

直流蒸汽发生器结构复杂、体积庞大、传热管数量多、传热管壁薄且管间距小,进行全尺寸的数值模拟不现实。为反映其实际工作过程,以Babcock & Wilcox公司实际运行的直流蒸汽发生器为原型,根据近似模化法对其进行合理简化,重要几何参数如管外径、管节距、传热管高度及运行条件等与原型相同。传热管的布置方式为正三角形布置,在二次侧还布置了一系列支撑板。由于支撑板仅影响其局部热工水力特性,而不影响直流蒸汽发生器的整体流动与传热特性,因此暂不考虑支撑板。采用的几何参数见表5.5,简化后的直流蒸汽发生器二次侧三维单元管物理模型及网格系统如图5.5所示。

表 5.5　几何参数

参数	数据
管外径 /mm	15.875
管节距 /mm	22.225
传热管高度 /mm	9 300

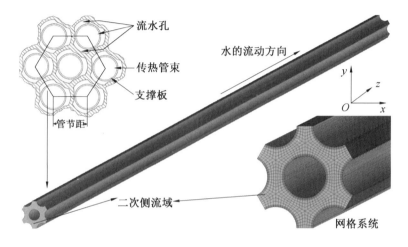

图 5.5　简化后的直流蒸汽发生器二次侧三维单元管物理模型及网格系统

　　结合 Babcock & Wilcox 公司设计的原型直管式直流蒸汽发生器的实际运行参数,依据建立的原型直管式直流蒸汽发生器二次侧三维单元管物理模型,给定的边界条件见表 5.6。由于实际直流蒸汽发生器二次侧流体经历的各传热区(单相液对流区、核态沸腾区、液膜强制对流蒸发区和缺液区等)的流动与传热规律不同,为真实再现直流蒸汽发生器运行过程中热流密度沿传热管轴向分布的不均匀性,根据各个传热区实际传热特点,通过热力计算将一次侧高温高压冷却剂对二次侧流体的加热作用拟合为传热管轴向高度的分段函数,见式(5.1)。

表 5.6   边界条件

参数	数据
入口质量流速 /(kg·m⁻²·s⁻¹)	190.19
入口温度 /K	510.95
出口压力 /MPa	6.38
出口饱和温度 /K	552.77
热流密度 /(W·m⁻²)	由公式(5.1)计算

$$q_w = \begin{cases} 145\ 200 + 3\ 900z, & z \leqslant 2 \text{ m} \\ 48\ 400 + 2\ 728z, & 2 \text{ m} < z \leqslant 7.5 \text{ m} \\ 19\ 535 + 990z, & z > 7.5 \text{ m} \end{cases} \tag{5.1}$$

（2）二次侧网格无关解验证。

数值模拟结果严重依赖网格系统的数量及质量,因此进行直管式直流蒸汽发生器热工水力特性数值模拟研究前首先要对网格系统进行网格无关解验证,如图5.6所示。计算过程中发现网格数量达到344 000个后,出口质量含汽率、轴向压力、壁面温度及蒸干位置(即壁面温度飞升位置)等参数均不再随网格数量而变化。因此采用的网格数量为 410 000 个。

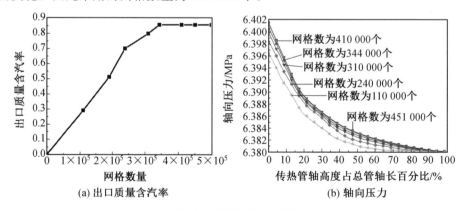

图 5.6   网格无关解验证

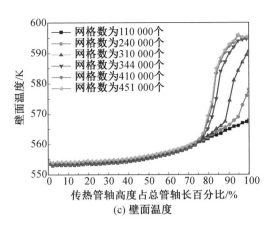

(c) 壁面温度

续图 5.6

（3）二次侧水力特性分析。

图 5.7 为直流蒸汽发生器二次侧汽液两相流速沿流体流动方向的分布规律，图 5.8 为相应的液相流速矢量图及汽液两相流速云图。从这两幅图可以看出，在单相液对流区液相流速缓慢增大。当传热进入核态沸腾区后壁面处汽化核心内开始产生汽泡，汽泡的生成、成长及脱离壁面对汽液两相流产生了强烈的扰动作用，同时随着流动与传热的发展，汽泡数量也在不断增多，因此二次侧汽相和液相流速均不断上升。由于液相流速在汽泡的加速作用下逐渐增大，同时汽相密

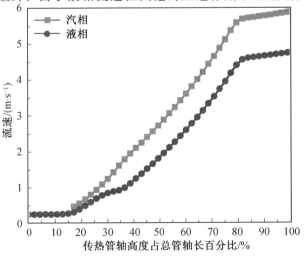

图 5.7　汽液两相流速沿流体流动方向的分布规律

度远低于相应运行状态下的液相密度,因此在整个两相流动沸腾过程中汽相流速均高于液相流速。

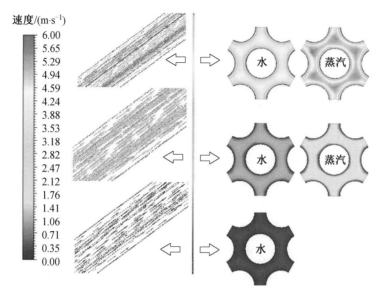

图5.8　液相流速矢量图及汽液两相流速云图(彩图见附录)

图5.9为直流蒸汽发生器二次侧压力沿流体流动方向的分布规律,图5.10为相应的压力云图。对于所研究的两相流动与传热系统,在重力压降、加速压降以及摩擦压降的综合作用下,直流蒸汽发生器二次侧总压降约22 kPa。随着流动与传热的进行,二次侧含汽率逐渐增加,汽液两相流混合密度逐渐减小,重力压降和加速压降的影响越来越小,从而使得压力轴向变化率逐渐减小。

(4) 二次侧传热特性分析。

直流蒸汽发生器运行过程中发生的蒸干传热恶化现象可能导致传热管发生应力腐蚀和老化失效,进而影响压水堆核动力系统的安全可靠运行,造成停堆事故。因此深入研究直流蒸汽发生器的热工水力特性,尤其是蒸干现象及蒸干后传热特性,即缺液区的含汽率、流体温度、壁面温度、表面传热系数等关键参数的变化规律,可以为解决由此引发的传热管应力腐蚀和老化失效等问题提供一些借鉴。

汽相含量是判断蒸干发生与否的一个重要的间接标准。图5.11给出了直流

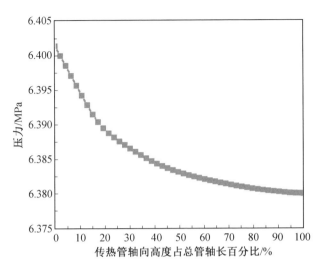

图 5.9　二次侧压力沿流体流动方向的分布规律

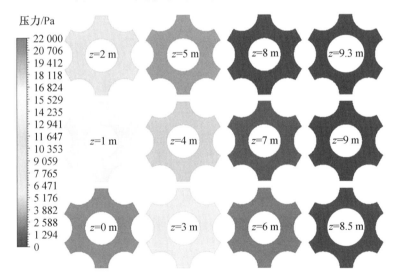

图 5.10　二次侧压力云图(环境压力为 6.38 MPa,彩图见附录)

蒸汽发生器二次侧流动沸腾过程中体积含汽率、实际质量含汽率和热平衡含汽率沿二次侧流体流动方向的分布曲线,图 5.12 为相应的不同轴向高度处体积含汽率云图。

从图 5.11 和图 5.12 可以看出,体积含汽率和实际质量含汽率沿传热管高度方向(即二次侧流体流动方向)先保持不变再逐渐增大。直流蒸汽发生器二次侧

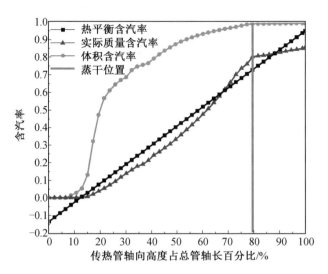

图 5.11 基于拟合热流密度边界的含汽率沿传热管轴向高度的分布

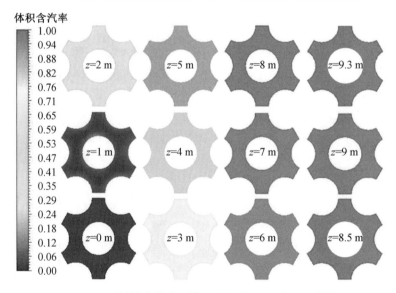

图 5.12 不同轴向高度处体积含汽率云图(彩图见附录)

距离入口约 15% 之前为预热段(单相液对流区),体积含汽率和实际质量含汽率均为 0。由于该区域流体处于过冷状态,其焓值低于饱和液体的焓值,所以热平衡含汽率为负值。随着二次侧单相液流动与传热的进行,流体吸收热量达到饱和状态,开始进入饱和核态沸腾区。该区域存在着剧烈的汽泡生成、成长、脱离壁面和合并的过程,因此体积含汽率和实际质量含汽率迅速上升。随着流动沸腾的进一步发展,实际质量含汽率越来越高,核心连续蒸汽将环状液膜撕裂成离散液滴的形式,蒸干传热恶化现象发生。在缺液区,一次侧高温高压冷却剂经由传热管壁传递的热量被蒸汽吸收,该热量的一部分进而被蒸汽中夹带的液滴吸收,因此实际质量含汽率开始偏离热平衡含汽率。传热管束出口位置的实际质量含汽率达到 0.86,由直流蒸汽发生器热力计算得到的传热管束出口质量含汽率为 0.9,两者误差为 4.44%,在工程允许范围内。

图 5.13 为二次侧汽液两相流温度及传热管外壁面温度轴向分布曲线,图 5.14 为相应的汽液两相流温度云图。从图 5.13 和图 5.14 可以看出,二次侧过冷水以 42 K 左右的过冷度流入传热管束间,以单相对流传热吸收一次侧高温高压冷却剂通过传热管壁传递的热量,其温度逐渐升高。当二次侧流体温度达到相应运行压力下的饱和温度时,传热进入饱和核态沸腾区,传热管壁面上的一些位置开始形成汽化核心,随后在汽化核心处有汽泡生成。在核态沸腾初始阶段,这些汽泡独立存在、互不影响,对应的汽液两相流型为泡状流。在核态沸腾区,随着流动与传热的进一步发展,汽化核心越来越多,在汽化核心处生成的汽泡相互产生作用,这些汽泡合并成蒸汽弹,此时两相流型转变为弹状流。随着含汽率的进一步升高,蒸汽逐渐将液相排挤到壁面附近,蒸汽的存在形式由离散汽泡转变

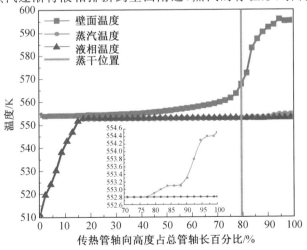

图 5.13　二次侧汽液两相流温度及传热管外壁面温度轴向分布曲线

为流道核心的连续蒸汽,而液相的存在形式则转变为壁面处附着的连续环状液膜和蒸汽中夹带的离散液滴。此时两相流型转变为环状流,壁面处传热方式变为环状液膜与壁面的强制对流传热。在上述传热区内,液相和汽相流体温度均保持在饱和温度。

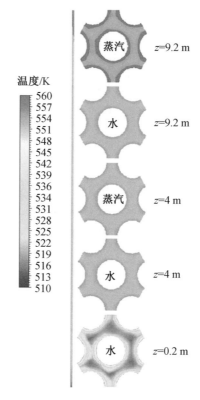

图 5.14　汽液两相流温度云图(彩图见附录)

随着流动沸腾的进行,含汽率进一步升高,在距传热管入口 80% 处,连续环状液膜被核心连续蒸汽撕裂为离散液滴,壁面直接与连续蒸汽接触,蒸干传热恶化现象发生。此时传热由液膜强制对流蒸发区转变为缺液区。在缺液区,连续蒸汽通过与壁面的对流传热吸收来自于一次侧的热量,饱和蒸汽被加热至过热状态。由于该区域液相以蒸汽中夹带的饱和液滴的形式存在,壁面传递给流体的热量中只有一部分被蒸汽中夹带的液滴吸收。因此,尽管该区域仍处于饱和流动沸腾区,液相温度保持在饱和温度,但是蒸汽与壁面的直接接触导致连续蒸汽提前处于过热状态,壁面温度在蒸汽温度的影响下也随之发生非线性变化。这使得缺液区传热发生偏离热力平衡现象,并且这种偏离热力平衡现象在缺液区一直存在,直至饱和液滴完全汽化,传热进入单相蒸汽对流区才消失,如图5.15所示。该计算工况下的出口实际质量含汽率约为 0.86,也就是说出口仍处于缺液区,并未涉及单相蒸汽对流区。因此图 5.13 中的缺液区蒸汽温度和壁面温度的分布规律与图 5.15 中蒸干发生处 $x_E < 1.0$ 范围内的蒸汽温度和壁面温度的分布规律相一致。这说明缺液区的流动与传热和蒸干前流动沸腾区的传热机理存在本质上的差异,同时也证明了所发展的数学模型和方法用于预测直流蒸汽发生器二次侧从单相液对流区到缺液区的两相流动沸腾过程时的合理性与可行性。

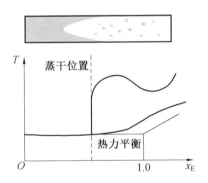

图 5.15　蒸干发生处蒸汽温度和壁面温度的变化规律

对于压水堆核动力系统中实际运行的直流蒸汽发生器,传热管壁面温度(尤其是蒸干传热恶化现象发生后的传热管壁面温度)是一个非常关键的参数,可能威胁到直流蒸汽发生器以及压水堆核动力系统的安全可靠运行。蒸干的发生致使传热管壁面直接与连续蒸汽接触,壁面处传热方式由蒸干前的连续环状液膜强制对流传热转变为壁面与蒸汽间的对流传热,这将引发偏离热力平衡现象。在实际运行过程中发生的偏离热力平衡现象通常介于完全偏离热力平衡和完全热力平衡两种极限之间。因此,直流蒸汽发生器实际运行时不同的运行参数均可能产生不确定的蒸干后偏离热力平衡程度,进而使蒸干及蒸干后壁面温度和蒸汽温度沿流体流动方向的分布规律较难确定。接下来对直流蒸汽发生器发生蒸干传热恶化现象处的传热管壁面温度和蒸汽温度变化情况进行了初步研究。

图 5.13 也给出了直流蒸汽发生器两相流动与传热过程中传热管壁面温度的轴向变化规律。从图 5.13 中可以看出,在过冷水区,由于传热管壁与流体间为单相对流传热,壁面温度随着流体温度的升高而缓慢升高。进入核态沸腾区后,二次侧汽液两相流温度保持在相应运行压力下的饱和温度,而壁面热流密度和沸腾传热系数均逐渐增大,使得传热管壁面温度以接近并高于二次侧液体饱和温度的形式缓慢增大。随着流动沸腾的进行,汽液两相流型由弹状流转变为环状流,壁面处附着的连续环状液膜受到液滴的沉积和夹带、自身蒸发的多重作用。随着质量含汽率的逐渐增大,连续环状液膜在上述多重作用下逐渐被消耗,直至被撕裂为液滴,此时蒸干传热恶化现象发生,传热过程转变为缺液区的离散液滴、连续蒸汽与壁面间的传热。蒸干传热恶化现象的发生意味着传热管壁面直接与连续蒸汽接触,由于蒸汽的传热性能远低于液相,因此传热管壁面温度急剧上升,飞升幅度约为 29.9 K。公开发表的文献中由 Babcock & Wilcox 公司设计的原型直管式直流蒸汽发生器在本节运行工况下,蒸干传热恶化现象发生处的传热管壁面温度飞升幅度约为 27 K,二者相对误差约为 10.7%。在液滴对壁面的冷却作用下,缺液区传热管壁面温度从最大值开始缓慢下降。通过对比图 5.13 和图 2.2 可以看出,直流蒸汽发生器实际运行过程中发生的蒸干后偏离热力平衡现象介于完全偏离热力平衡与完全热力平衡之间。

上述结果与分析表明,直流蒸汽发生器实际运行过程中液膜强制对流蒸发区和缺液区存在的饱和液滴对连续环状液膜、核心连续蒸汽和离散液滴三流场间的质量、动量和能量传递以及三流场与壁面间的相互作用产生显著的影响。因此在数值模拟流动沸腾、蒸干及蒸干后传热过程时必须要考虑离散液滴和连续环状液膜,核心连续蒸汽的质量、动量、能量传递以及三流场与壁面间的相互作用。

图 5.16 和图 5.17 所示为直流蒸汽发生器二次侧液相和汽相流体焓值分布规律。从这两幅图可以发现,汽液两相流体焓值分布规律与温度的分布规律相一致。在单相液对流区,流体处于过冷状态,液相焓值低于相应运行压力下的饱和液相焓值。在蒸干前饱和流动沸腾区,汽液两相流均处于饱和状态,二者焓值分别为相应压力下的饱和液相焓值与饱和汽相焓值。当蒸干传热恶化现象发生

后,传热进入缺液区,在该区域液相焓值仍然保持在相应压力下的饱和液相焓值,而偏离热力平衡现象的发生导致汽相处于过热状态,其焓值也从相应压力下的饱和蒸汽焓值开始逐渐上升。

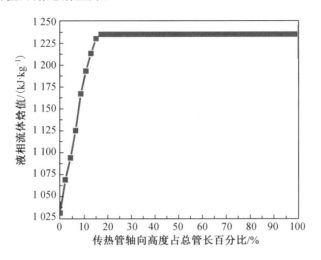

图 5.16　液相流体焓值分布规律

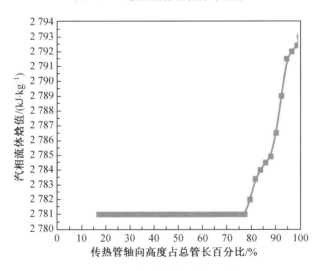

图 5.17　汽相流体焓值分布规律

图 5.18 为直流蒸汽发生器二次侧流动传热过程中 Nu 沿流体流动方向的分布规律。从图中可以看出,在过冷水区,传热方式为单相液对流传热,流体流速缓慢增大。该区域 Nu 也以较为缓慢的方式增大。进入核态沸腾区后,在汽泡的

生成、成长和脱离壁面引起的扰动作用下,传热得到大幅度的强化,因此 Nu 迅速增大,并且在核态沸腾区达到最大值。当两相流型转变为环状流后,壁面处传热方式变为环状液膜对流传热,Nu 呈下降趋势。随着流动与传热的进行,蒸干传热恶化现象发生,传热性能急剧恶化,Nu 迅速减小。考虑到蒸汽的传热性能远低于液相,因此缺液区 Nu 低于单相液对流区的 Nu。

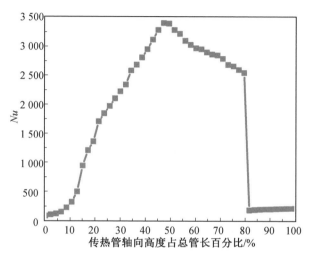

图 5.18　Nu 沿流体流动方向的分布规律

　　表 5.7 为各传热区表面传热系数的数值模拟结果和经验关联式计算结果对比,其中数值模拟结果是通过将表面传热系数沿传热区长度积分取平均值的方法得到。从表 5.7 中可以看出,在过冷水区(即单相液对流区),二次侧为单相液对流传热,因此表面传热系数相对较低。当进入核态沸腾区时,壁面处产生大量汽泡,汽泡的扰动作用极大地强化传热,因此表面传热系数急剧增大。同时可以看出,在距传热管入口 80% 处发生蒸干,传热进入缺液区。此时壁面上附着的连续环状液膜消失,壁面处没有环状液膜的润湿,因此表面传热系数急剧下降,壁面温度开始急剧上升。在缺液区,传热管壁面被连续蒸汽覆盖,蒸汽的传热性能远低于液相,因此该区域传热能力较弱,表面传热系数非常小。从表 5.7 中还可以发现,表面传热系数的经验关联式计算结果和数值模拟结果的最大相对误差为 17.9%,是在工程实际允许的误差范围内。

表 5.7　表面传热系数数值模拟结果和经验关联式计算结果对比

计算参数	传热区	经验关联式	数值模拟结果 /(W · m⁻² · K⁻¹)	经验关联式计算结果 /(W · m⁻² · K⁻¹)	误差 /%
表面传热系数	单相液对流区	Dittus — Boelter	3 693.27	3 133.14	17.9
	核态沸腾区	Chen	57 410.99	50 060.12	14.7
	缺液区	РеМИЗОВ	1 893.39	2 128.26	11.0

5.2　基于耦合传热边界条件的直管式直流蒸汽发生器中的汽液两相流动与传热特性

　　直流蒸汽发生器实际运行时二次侧水通过传热管吸收一次侧高温高压冷却剂携带的热量实现流动沸腾,这表明直流蒸汽发生器的实际工作过程是一次侧单相对流传热、传热管导热、二次侧两相流动沸腾传热的极其复杂的耦合传热过程。此时二次侧工质由一次侧高温高压冷却剂通过管壁进行加热,热流密度受限于一、二次侧耦合传热情况不再是定值。与电加热方式下边界条件可直接给定且为常数的情况不同,介质加热方式下边界之间存在强烈而复杂的热量交换。这是因为一方面介质加热方式以流体的形式实现,不但完全不同于电加热方式,而且流体表现出非常复杂的流动与传热特性,不能用固定边界模型进行处理。另一方面介质加热方式不同于电加热方式的单向加热模式,也就是说电加热方式只考虑热量输入,而不需要考虑被加热工质对电加热热源的影响,故不存在互扰与耦合;但介质加热方式与之完全不同,一次侧不但通过边界向二次侧输送热量,而且还要承受二次侧对其自身流动与传热特性的影响。

　　一、二次侧的热量输送存在互扰与耦合,其热量输送过程是一、二次侧相互作用的结果。由于一、二次侧之间的互扰与耦合的传热边界影响工质的流动和热量的输送,进而对热流密度、表面传热系数、蒸干发生位置、壁面温度等蒸干及蒸干后传热关键物理量的空间分布规律造成影响,因此将这一过程所造成的复杂传热边界通过合理的方式进行描述,使其不但真实反映实验的物理事实,更使数值计算与仿真具有可行性。 只有与电加热方式的定热流密度边界进行对比,通过提取相关参数并分析其中蕴含的规律,才能揭示一、二次侧耦合体现在传热边界上的流动与传热特性,进而得到新规律。同时值得注意的是,介质加热实验中的一、二次侧耦合不但影响边界的传热特性,而且通过边界作用于蒸干的各项特征。但是鉴于边界条件非常复杂,所以主要关注这些边界条件如何影响诸如蒸干发生位置、壁面温度分布、表面传热系数和热流密度等蒸干特性。

5.1.2节以基于热工水力计算得到的壁面热流密度函数作为第二类边界条件,进行二次侧流动与传热数值模拟。但是由于热工水力计算基于热平衡进行,采用经验关联式计算各个传热区的表面传热系数带有一定的近似性,因此所得结果与直流蒸汽发生器的实际工作过程有一定偏差。 同时考虑到 Pseudo Transient 是一种隐式低松弛因子的方法,适用于压力 — 速度耦合,并且只能用于稳态仿真。此外,Pseudo Transient 求解方法能够同时考虑固体域和流体域,分别通过控制固体域的固体时间尺度和控制流体域的流体时间尺度这两种伪时间步长控制求解过程,具有较高的精度和稳定性。因此进一步综合考虑一、二次侧间的强耦合传热效应,采用 Pseudo Transient 求解方法处理耦合传热边界下直管式直流蒸汽发生器一、二次侧的流动与传热行为以及传热管导热。

5.2.1 直流蒸汽发生器物理模型、网格系统及边界条件

为还原直流蒸汽发生器的实际工作过程,以 Babcock & Wilcox 公司设计的直管式直流蒸汽发生器为原型,全面考虑直流蒸汽发生器的一次侧流体域、传热管束固体域和二次侧流体域,基于近似模化法得到简化后的直管式直流蒸汽发生器三维单元管物理模型。 几何参数见表 5.8,简化后的物理模型如图 5.19 所示,运行边界条件见表 5.9。

表 5.8　几何参数

参数	数值
管外径 /mm	15.875
壁厚 /mm	0.864
管节距 /mm	22.225
高度 /m	9.3

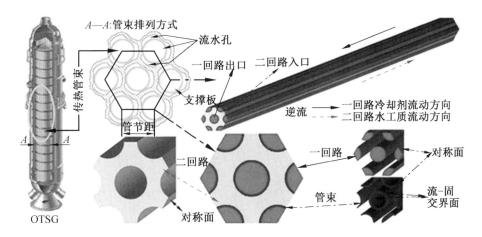

图 5.19　简化后的物理模型

表 5.9　运行边界条件

计算区域	边界 / 管材	参数	数值
一次侧	进口	质量流速 /(kg·m^{-2}·s^{-1})	2 692.52
		冷却剂温度 /K	590.85
	出口	压力 /MPa	15.17
二次侧	进口	质量流速 /(kg·m^{-2}·s^{-1})	190.19
		过冷水温度 /K	510.95
	出口	压力 /MPa	6.38
传热管	Inconel－600	导热系数 /(W·m^{-1}·K^{-1})	$0.016T_w + 9.763$

注：T_w——传热管壁面温度，K。

对于直流蒸汽发生器单元管的网格划分,尽管非结构网格划分简单,但是由于直流蒸汽发生器传热管较长,采用非结构网格会产生非常多的网格数,需要非常大的运行内存以及较长的计算周期。并且对于两相流动与传热过程来说,基于非结构网格系统的数值计算精度较低。因此统一采用六面体结构化网格进行划分,在保证计算精度的前提下,有效地节省计算成本。网格划分具体思路:考虑到综合直流蒸汽发生器单元管一次侧、传热管和二次侧的物理模型结构复杂,直接进行六面体结构化网格划分非常困难,因此建立物理模型时,将一次侧、传热管和二次侧在横截面上分成了如图 5.20(a) 所示的 144 个子区域。其中子区域 1 ~ 72 所对应的区域为一次侧高温高压冷却剂的流域,子区域 73 ~ 108 所对应的区域为传热管束所在固体区域,子区域 109 ~ 144 所对应的区域为二次侧流体的流域。进而对各个子区域进行网格尺寸的定义,网格系统如图 5.20 所示。

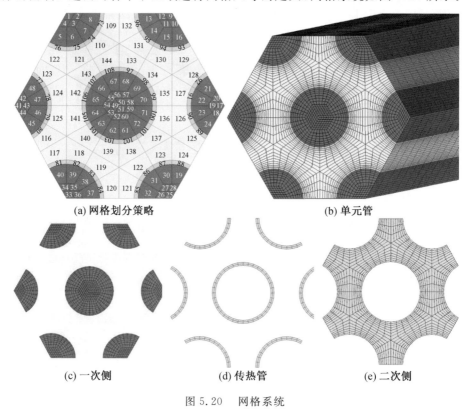

(a) 网格划分策略   (b) 单元管

(c) 一次侧   (d) 传热管   (e) 二次侧

图 5.20   网格系统

5.2.2　直流蒸汽发生器水力特性分析

一、二次侧流体流动的阻力损失是直流蒸汽发生器设计中必须考虑的因素。图 5.21 给出了一、二次侧轴向压力分布,图 5.22 为一、二次侧相对压力轴向云图。由于一次侧高温高压冷却剂始终为单相状态,在二次侧流体的吸热作用下,一次侧高温高压冷却剂不断被冷却,在沿程流动阻力的作用下一次侧压降不断增加。因此,一次侧压力沿冷却剂流动方向近似线性降低。二次侧压力沿轴向高度整体也呈降低的趋势。 数值计算的一、二次侧沿程总压降分别约为 0.17 MPa 和 0.025 MPa,符合实际直流蒸汽发生器设计工况下的压降数据,表明了数值模拟实际直流蒸汽发生器一、二次侧流动过程的准确性。但是注意,二次侧流域内蒸干传热恶化现象发生后,二次侧压力变化减缓,压降减小,原因是流动沸腾过程的压降包含了加速压降的作用。在缺液区,核心连续蒸汽夹带着饱和液滴与壁面进行换热,偏离热力平衡现象的发生导致该区域质量含汽率以非常缓慢的速度增大,因此加速压降的影响越来越弱,压降变小。

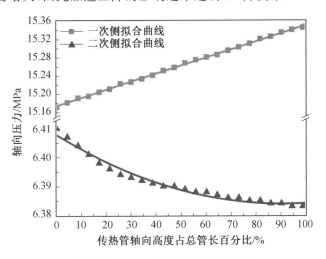

图 5.21　一、二次侧轴向压力分布

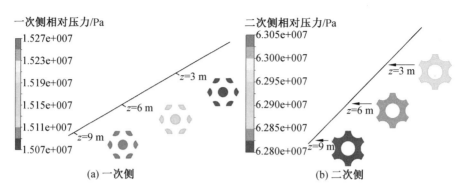

图 5.22 一、二次侧相对压力轴向云图（环境压力为 0.101 325 MPa，彩图见附录）

图 5.23 为一、二次侧流体轴向流速分布。由图可知，二次侧单相液对流区流体在一次侧高温高压冷却剂的加热作用下温度不断升高，但仍为单相液体，所以流速变化较小。核态沸腾区在汽泡的产生、成长和脱离壁面作用下，汽泡带动液体流动，使液体流速增加。随着两相流动沸腾的进行，含汽率不断升高，汽液两相流速迅速增大。蒸干的发生引起传热偏离热力平衡，蒸干后含汽率增长变缓，因此汽液两相流速相应地以相对小的轴向变化率增大。与二次侧工质流速变化趋势不同，一次侧始终处于单相对流传热区，密度变化较小，因此冷却剂流速变化幅度较小。

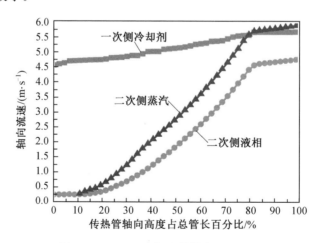

图 5.23 一、二次侧流体轴向流速分布

对于多相流系统，相间剪切和滑移是一个不可避免的问题，因此有必要引入

汽液两相滑速比的概念。滑速比为汽相真实流速与液相真实流速之比。图 5.24
所示为直流蒸汽发生器二次侧汽液两相滑速比的轴向分布。由图可知,核态沸
腾区由于汽泡的迅速增多,在汽泡的扰动、破裂和合并作用下汽相流速迅速上
升,而液相流速相对较低,因此滑速比迅速升高并且在核态沸腾区达到最大值。
随着二次侧流动与传热的进一步发展,含汽率达到一定值后,两相流型转化为环
状流。液膜强制对流蒸发区逐渐增多的蒸汽对液相的加速作用越来越明显,汽
液两相之间的流速差减小,因此滑速比逐渐下降。随着含汽率的进一步增大,蒸
干传热恶化现象发生,两相流型由环状流转变为雾状流。缺液区由于连续蒸汽
夹带着饱和液滴一起运动,两相流速相差很小,滑速比以相对核态沸腾区更为平
缓的趋势下降。

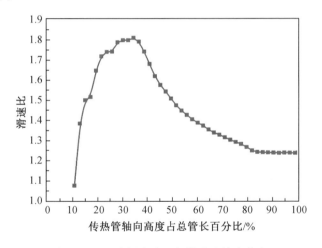

图 5.24　二次侧汽液两相滑速比轴向分布

5.2.3　直流蒸汽发生器传热特性分析

直流蒸汽发生器二次侧经历复杂的汽液两相流动与传热过程,并且流动沸
腾过程中发生的蒸干传热恶化现象与含汽率密切相关。因此在传热特性分析中
首先给出含汽率沿传热管高度的分布规律,如图 5.25 所示。从图中可以看出,耦
合传热边界下直管式直流蒸汽发生器二次侧工质以过冷状态进入传热管束,吸
收一次侧高温高压冷却剂传来的热量而逐渐汽化,在单相液对流区体积含汽率

和实际质量含汽率沿传热管高度方向保持为 0。进入核态沸腾区后,伴随着汽化核心的形成,汽泡的生成、成长和脱离壁面,体积含汽率和实际质量含汽率逐渐增大。在距传热管入口约 75% 的位置,蒸干传热恶化现象发生,引起实际传热偏离热力平衡,因此实际质量含汽率以相对于蒸干前区域更小的轴向变化率缓慢上升。

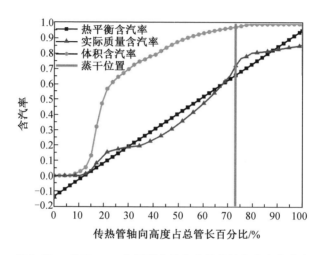

图 5.25　基于一、二次侧耦合传热边界的轴向含汽率分布

图 5.26 为一、二次侧流体温度和壁面温度的轴向分布。结合图 5.25 和图 5.26 发现,过冷水在二次侧单相液对流区吸热升温,当其温度达到饱和温度时进入核态沸腾区,二次侧汽液两相温度均保持在饱和温度不变。在此区域,由于流体与壁面间传热良好,一、二次侧壁面温度沿各自流动方向分别以很小的轴向变化率缓慢下降和上升。随着流体的流动,在蒸干传热恶化现象发生处,管壁上的液膜被蒸汽撕裂成液滴,传热性能急剧恶化,壁面温度呈现非线性飞升。在蒸干位置,二次侧壁面温度飞升幅度达到约 26 K。由于一次侧与壁面间的传热始终为单相液对流传热,传热性能相对较好,因此一次侧壁面温度下降幅度较小(约为 12.5 K)。在缺液区尽管液滴仍处于饱和状态,但是核心蒸汽已经与壁面直接接触,即经由一次侧传递的热量先通过壁面与蒸汽的对流传热传递给蒸汽,而蒸汽将其中部分热量传递给液滴使其汽化,这意味着偏离热力平衡现象的发生。因此蒸干后液滴仍保持在饱和温度不变,但蒸汽温度缓慢升高到过热状态,壁面

温度随蒸汽温度的升高而缓慢上升。同时由于蒸汽与壁面间传热性能相对较差,在一、二次侧逆流传热过程中,对应缺液区的一次侧冷却剂温度以较小的轴向变化率缓慢降低,对应蒸干前区域的一次侧冷却剂温度以相对大的轴向变化率近似呈线性下降。

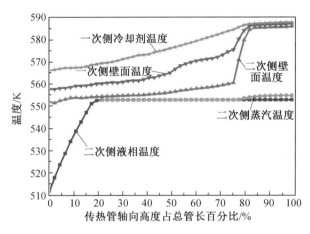

图 5.26　一、二次侧流体温度和壁面温度轴向分布

为对比两类传热边界条件的计算结果,在此分别给出基于拟合热流密度边界和耦合传热边界的蒸干位置及该位置壁面温度飞升幅度对比,见表 5.10。从表中可以看出,与 5.1 节基于拟合热流密度边界得到的计算结果相比,耦合传热时蒸干位置所占高度比例的绝对误差和相对误差分别由 11% 降到 5%、由 16.18% 降到 7.35%,蒸干处壁面温度飞升幅度的绝对误差和相对误差分别由 2.9 K 降到 −1 K、由 10.74% 降到 3.7%。这表明尽管拟合热流密度边界能够在一定程度上反映直流蒸汽发生器二次侧的实际运行过程,但是由于热力计算中涉及的经验关联式较多,因此预测误差较耦合传热偏大。基于耦合传热边界蒸干及蒸干后传热数值模拟的实现,使得蒸干的数值模拟更接近于实际运行过程,显著提高了蒸干位置和蒸干处壁面温度飞升幅度的预测精度。

表 5.10　两类传热边界条件下蒸干位置及该位置壁面温度飞升幅度对比

误差类型	蒸干位置所占高度比例			蒸干处壁面温度飞升幅度		
	实验结果 （68%）	拟合热流 计算结果 （79%）	耦合传热 计算结果 （73%）	实验结果 （27 K）	拟合热流 计算结果 （29.9 K）	耦合传热 计算结果 （26 K）
绝对误差	—	11%	5%	—	2.9 K	−1 K
相对误差	—	16.18%	7.35%	—	10.74 K	3.7 K

图 5.27 为数值模拟得到的传热管内外壁平均壁面温度和一次侧冷却剂温度与 Babcock & Wilcox 公司提供的运行数据的对比。从图中可以发现，数值模拟结果和运行数据具有较好的一致性。表 5.3 和表 5.4 已经给出了具体数据的对比结果和误差，在此不再讨论。

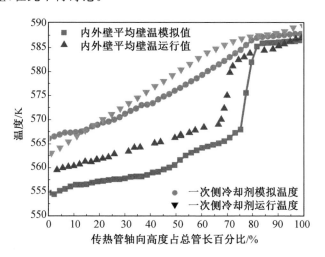

图 5.27　数值模拟结果与运行数据的对比

图 5.28 和图 5.29 分别为直流蒸汽发生器耦合传热过程中一、二次侧壁面热流密度的轴向分布，其中：一次侧由于放出热量，其热流密度为负值；二次侧过冷水区传热方式为单相液对流传热，因此液相热流密度和一、二次侧壁面热流密度缓慢升高，进入核态沸腾区后流动形式先发展为泡状流，在汽泡的扰动作用下二

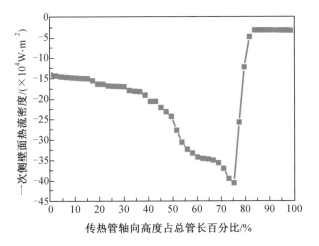

图 5.28　一次侧壁面热流密度的轴向分布

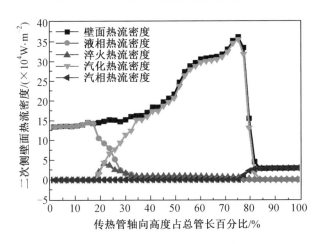

图 5.29　二次侧壁面热流密度的轴向分布

次侧流体与管壁间的表面传热系数迅速增大,传热方式以汽化传热和液相对流传热为主,同时伴随着逐渐增大的淬火传热。随着流型向环状流的发展,液相对流传热和淬火传热逐渐减弱,传热形式以汽化传热为主。蒸干传热恶化现象的发生导致二次侧流体与管壁间的表面传热系数急剧降低,一、二次侧壁面热流密度迅速减小。缺液区壁面处传热特点发生明显的变化,传热方式为蒸汽对流传热。由于蒸汽传热性能相对较差,缺液区一、二次侧壁面热流密度非常小,并几乎保持不变。

对于实际运行的直流蒸汽发生器二次侧发生的流动沸腾过程,一旦壁面热流密度超过峰值,壁面过热度将急剧上升,加剧传热管束的应力腐蚀和老化等问题,可能影响到设备的安全、可靠和稳定运行。因此计算并监控临界热流密度是直流蒸汽发生器热工水力分析中一个非常重要的任务。由图 5.29 可知,Babcock & Wilcox 公司的直流蒸汽发生器满负荷运行时的最大热流密度为361 000 W/m²。目前对于流动沸腾临界工况的热流密度计算主要以实验测得的经验数据为主。广泛应用的临界工况经验关联式大多数基于均匀热流密度得到,考虑到蒸汽发生器一、二次侧耦合传热时各传热区轴向热流密度的不同,采用反应堆工程中广泛应用的美国西屋公司 L. S. Tong 基于不均匀受热通道提出的 F 因子方法计算临界热流密度。计算过程中需要确定相同运行工况下的基于均匀热流密度分布的临界热流密度关联式。适用于 Babcock & Wilcox 公司的直流蒸汽发生器满负荷工况的是 Biasi 关联式(式(5.2)),该关联式在预测质量流速小于 300 kg/(m²·s)(满负荷工况质量流速约为 200 kg/(m²·s))时的误差在7.26% 之内。通过该方法计算的耦合传热条件中临界工况下热流密度约为830 000 W/m²,可以发现所模拟的直流蒸汽发生器在满负荷运行过程中达到的最大热流密度远小于相同工况下沸腾临界发生时的经验热流密度,这表明Babcock & Wilcox公司的直流蒸汽发生器在满负荷运行时热流密度不会超过临界值,也就是说蒸干发生处不会由于热流密度达到临界值而发生传热管失效等问题。

$$q_c = \frac{880(1-x)\left(-1.159 + 1.49 p_2 \mathrm{e}^{-0.19p} + \dfrac{0.899}{1+10 p_2^2}\right)}{d_{e,2}^{0.4} G_2^{1/6}} \tag{5.2}$$

图 5.30 为两类传热边界下二次侧壁面温度及相应的壁面温度轴向变化率对比。其中采用的耦合传热边界为直流蒸汽发生器实际工作过程的还原,由于这种介质加热方式在实验中极难实现,所以大多数实验都通过其他易实现的电加热方式——定热流密度边界对介质加热方式进行模拟逼近。基于此对这两类边界下的直流蒸汽发生器传热特性进行对比分析。由图 5.30 可知,定热流密度边界下直流蒸汽发生器二次侧蒸干位置在耦合传热边界下的上游,原因是蒸干传热恶化现象的发生取决于含汽率。而相比于耦合传热边界,定热流密度边界下

含汽率在更小的轴向高度位置达到蒸干标准。此外,耦合传热边界下,受限于一
次侧冷却剂温度,壁面温度轴向变化率仅为几十开尔文 / 米(K/m)的量级,然而
定热流密度边界下蒸干发生处壁面温度轴向变化率则高达几百开尔文 / 米。这
意味着尽管在直流蒸汽发生器中受限于一次侧冷却剂温度,传热管壁面温度轴
向变化率不会太大,但是仍然需要注意突然增大的壁面温度轴向变化率可能引
起应力腐蚀和老化失效,进而影响直流蒸汽发生器的安全稳定运行。 同时对于
其他涉及蒸干传热恶化现象的换热设备,也要重点关注蒸干引起的高壁面温度
轴向变化率以及由此可能引发的应力腐蚀甚至烧毁问题。

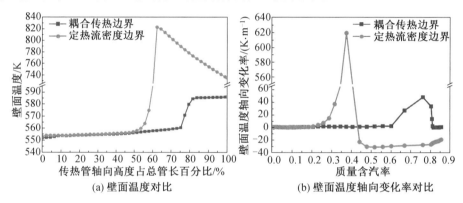

(a) 壁面温度对比　　　　　　(b) 壁面温度轴向变化率对比

图 5.30　两类传热边界下二次侧壁面温度及相应的壁面温度轴向变化率对比

图 5.31 为直流蒸汽发生器二次侧不同传热区的径向流体温度和壁面温度分
布规律。结合图 5.29 发现,缺液区二次侧主要传热方式为蒸汽对流传热,而蒸汽
的传热性能较差,因此在该区域管壁热阻仅占很小比例,壁面温度径向变化率较
小。同时差的传热性能使得一次侧壁面附近的冷却剂温度径向变化率非常小。
而在流动与传热过程中的其他传热区,流体与壁面间传热性能较好,管壁热阻占
很大比例,因此壁面温度径向变化率和近壁处一次侧冷却剂温度径向变化率较
大。 由于在蒸干前的流动沸腾区(核态沸腾区和液膜强制对流蒸发区)二次侧存
在汽化传热、液相对流传热和淬火传热,饱和水中存在汽泡的形成、成长、脱离壁
面以及汽泡合并成汽块等作用,所以流体内温度分布较均匀,这种现象在核态沸
腾区更为明显。而在单相液对流区和缺液区,二次侧传热方式为过冷水或蒸汽
对流传热,导致壁面附近流体出现较大的温度径向变化率。

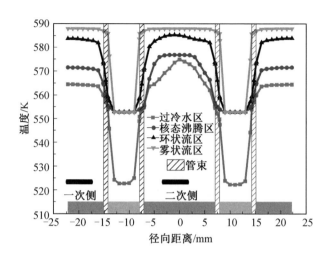

图 5.31　径向流体温度和壁面温度分布规律

5.2.4　缺液区偏离热力平衡现象研究

（1）传热特性分析。

在缺液区,连续环状液膜消失,连续蒸汽夹带着饱和液滴进行流动与传热。尽管该区域仍然处于流动沸腾区,但是由于壁面温度较高,并且传热方式为壁面与蒸汽间的对流传热,因此出现偏离热力平衡现象,如图 2.2 所示。传热偏离热力平衡后,蒸汽因吸收热量进入过热状态,实际质量含汽率也随之发生变化。也就是说,在缺液区偏离热力平衡的发生伴随着两种特殊现象:蒸汽过热、实际质量含汽率不等于热平衡含汽率。因此有必要分析缺液区的传热特性与含汽率的变化规律,为偏离热力平衡的量化分析及缺液区过热蒸汽温度的计算奠定基础。

为了分析蒸干后缺液区的传热特性,首先讨论缺液区 Nu 的变化规律,并利用经验关联式进行验证,如图 5.32 所示。图中所采用的经验关联式都是美国核管理委员会（US Nuclear Regulatory Commission,NRC）在安全分析代码中推荐使用的。但是需要注意的是,Dougall－Rohsenow 模型对于任意的蒸干后传热的预测都偏高,原因是该关联式基于蒸汽温度等于饱和温度这一假设。从图 5.32 中可以发现,除 Dougall－Rohsenow 模型外,缺液区 Nu 预测结果与其他模型的一致性都较好,相对误差基本在 ±20% 以内。

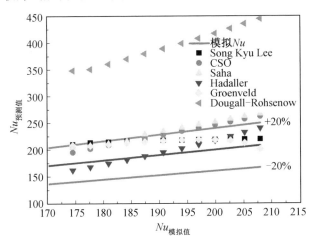

图 5.32　缺液区模拟 Nu 与经验关联式预测值的对比

通过前述研究可知,直流蒸汽发生器蒸干后流动传热区介于完全偏离热力平衡和热力学平衡之间,该现象也可由图 5.25 解释。图 5.25 给出了流动沸腾过程中热平衡含汽率 x_E 和实际质量含汽率 x_a 的对比。其中:

$$x_E = \frac{h - h'}{h_{lv}} \tag{5.3}$$

$$x_a = \frac{M''}{M' + M''} \tag{5.4}$$

式中　　h—— 流体焓值,J/kg;

　　　　h' —— 饱和液体焓值,J/kg;

　　　　M' —— 液相流量,kg/s;

　　　　M'' —— 汽相流量,kg/s。

式(5.3) 和式(5.4) 中 x_E 可以小于 0(过冷状态),也可以大于 1(过热状态),而 x_a 则介于 0 ~ 1 之间,$x_a = 0$ 代表过冷状态,$x_a = 1$ 代表过热状态。

从图 5.25 中可以发现,单相液对流区实际质量含汽率为 0。流动沸腾过程中,当蒸干未发生时壁面处热量全部用于将水汽化为蒸汽,因此实际质量含汽率基本等于热平衡含汽率。而在缺液区,虽然连续蒸汽中仍夹带着饱和液滴,但是壁面处传热方式已经转换为汽相对流传热,因此由壁面处传递的热量除了有一部分用来使液滴汽化外,另外一部分被蒸汽吸收,使蒸汽提前进入过热状态(图5.26),即发生了偏离热力平衡现象。该区域内饱和液滴吸收热量的减小致使实际质量含汽率低于热平衡含汽率。

(2) 偏离热力平衡程度的提出与应用。

从前述计算和分析发现,蒸干后区域(即缺液区)的传热发生了偏离热力平衡现象,蒸汽处于过热状态。有关蒸干后偏离热力平衡现象的研究目前多集中于定性分析,缺少衡量偏离热力平衡程度的量化指标和缺液区过热蒸汽温度的计算方法。

为量化地评估该区域的偏离热力平衡程度,定义新参数——偏离度 post-dl (Post-dryout Deviation Level) 为

$$\text{post-dl} = \frac{x_\text{E} - x_\text{a}}{x_\text{E} - x_\text{DO}} \tag{5.5}$$

$$\text{post-dl}_\text{average} = \frac{\int (\text{post-dl}) \, \mathrm{d}z}{z_\text{post-dryout}} \tag{5.6}$$

以 3.3 节基于一、二次侧耦合的数值模拟结果为基础,根据式(5.5)与式(5.6)得到的二次侧缺液区偏离度沿传热管轴向高度的分布如图 5.33 所示,由图可见在所研究的缺液区内,起始位置处偏离热力平衡程度较低,随着传热的进行偏离度越来越高,平均偏离度约为 0.26。

上述提出的偏离度可用于预测缺液区的过热蒸汽温度。以蒸干位置为预测起始点,各参数的计算式如下:

$$Q = Q_\text{l} + Q_\text{v} \tag{5.7}$$

$$Q_\text{l} = (x_\text{a} - x_\text{DO})(M' + M'')h_\text{lv} \tag{5.8}$$

$$Q_\text{v} = (x_\text{a} - x_\text{DO})(M' + M'')(h_\text{v} - h'') \tag{5.9}$$

$$h_\text{v} = \frac{Q}{(x_\text{a} - x_\text{DO})(M' + M'')} + h' \tag{5.10}$$

式中　　Q —— 蒸干位置到蒸干后任一位置的总传热量,W;

Q_l —— 蒸干位置到蒸干后任一位置液相汽化吸收的热量,W;

Q_v —— 蒸干位置到蒸干后任一位置蒸汽过热吸收的热量,W;

h_v —— 过热蒸汽焓值,J/kg;

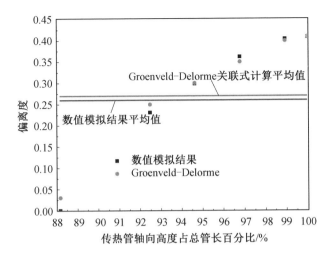

图 5.33　二次侧缺液区偏离度沿传热管轴向高度的分布

h'' —— 饱和蒸汽焓值,J/kg。

在式(5.10)中,Q、M'、M''、h' 均已知,x_{DO} 可以根据适用于给定条件下的临界质量含汽率经验关联式(式(4.1))计算得到,x_E 可根据热平衡计算得到。这样当给定偏离热力平衡程度值时,即可根据偏离热力平衡程度的定义式(5.5)计算出对应的实际质量含汽率。然后根据式(5.10)就可以得到该位置过热蒸汽的焓值,进而利用水和水蒸气物性参数表就可以确定相应压力和焓值下的过热蒸汽温度。

首先采用上述提出的方法对 5.2.3 节中缺液区内过热蒸汽温度进行预测,预测值与数值模拟结果的对比如图 5.34 所示,可以看出,采用本方法能较为准确地预测所研究工况下直流蒸汽发生器二次侧缺液区内的过热蒸汽温度。

图 5.34 是针对一、二次侧耦合传热下缺液区过热蒸汽温度进行的预测,该条件下蒸汽过热度较小。而对于定热流密度加热方式下或热流密度较高时的蒸干研究,缺液区内壁面热流密度和蒸汽过热度均较高。基于这一考虑,需要验证本方法用于预测缺液区蒸汽过热度较高情形时的准确性。

LI 等针对均匀电加热竖直管内的蒸干进行了数值模拟研究(工况:压力为 7.01 MPa,入口过冷度为 11.7 K,入口质量流速为 1 000.9 kg/(m² · s),壁面热流密度为 765 kW/m²),给出了轴向 4 个高度(名称分别为 z2、z5、z8、z10)处蒸汽

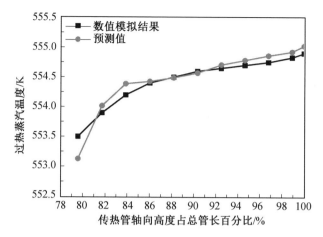

图 5.34　一、二次侧耦合传热下缺液区过热蒸汽温度预测值与数值模拟结果的对比

温度的径向分布,其中后 3 个位置均位于缺液区内。SHI 等针对非均匀热流密度下管束间的蒸干进行了数值模拟研究(工况:压力为 6.38 MPa,入口过冷度为 41.82 K,入口质量流速为 190.19 kg/(m² · s),缺液区壁面热流密度约为 205 kW/m²),提供了缺液区内过热蒸汽温度的轴向分布数据。以 LI 等和 SHI 等中提供的缺液区内过热蒸汽温度数据作为对比对象,采用本方法分别对[23,24]两篇文献中相应工况下的缺液区过热蒸汽温度进行预测。预测值与公开数据的对比如图 5.35 所示,从图中可以看出,采用本方法得到的预测值与公开数据具有较好的一致性,最大绝对误差和相对误差分别为 1.67 K 和 0.3%。

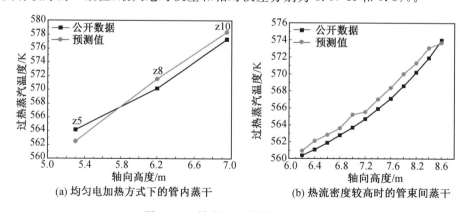

(a) 均匀电加热方式下的管内蒸干　　　(b) 热流密度较高时的管束间蒸干

图 5.35　缺液区过热蒸汽温度预测

在蒸干传热恶化现象发生的位置上游,热平衡含汽率基本等于实际质量含汽率,因此不存在偏离热力平衡现象。在蒸干传热恶化现象发生后(蒸干后充分发展区),壁面直接与蒸汽接触,此时壁面处传递的热量先全部被蒸汽吸收,连续蒸汽中夹带的饱和液滴进而从蒸汽中吸收部分热量,用于液滴本身的汽化。该区域内传热方式的复杂性导致偏离度发生非线性变化。当液滴全部汽化,传热进入单相蒸汽对流区时,偏离度降低到 0。也就是说,当偏离度为 0 时,即为缺液区向单相汽对流区的过渡,此时的过热蒸汽温度(过热蒸汽焓值)可作为划分缺液区与单相汽对流区的判据,代替直流蒸汽发生器等汽液两相换热设备热力计算中采用干饱和蒸汽焓作为判据的传统做法,为传热区的合理划分提供依据。

热力计算是直流蒸汽发生器等汽液两相换热设备设计的关键步骤,计算时通常根据流体与壁面间传热的特点将其分为单相液对流区、核态沸腾区、液膜强制对流蒸发区、缺液区和单相汽对流区。缺液区与单相汽对流区的过渡以干饱和蒸汽的焓值为基准进行划分。然而通过前述研究发现,在实际流动沸腾过程中缺液区发生了偏离热力平衡现象,该区域内蒸汽吸收热量进入过热状态。目前暂未提出从缺液区向单相汽对流区过渡时的过热蒸汽温度的确定方法,所以工程中多以干饱和蒸汽的焓值为依据进行传热区的划分,很明显采用干饱和蒸汽焓值作为基准的分区方法带有一定的近似性。在定义衡量缺液区偏离热力平衡程度的量化指标,即偏离度这一参数后,就可以根据式(5.7)～(5.10)确定从缺液区向单相汽对流区过渡时的过热蒸汽焓值(温度),进而计算出更符合实际传热的缺液区和单相蒸汽对流区所需的传热面积(传热管长度),为直流蒸汽发生器等汽液两相换热设备传热区的合理确定提供一定的工程参考。

5.3　不同运行参数下直管式直流蒸汽发生器中的汽液两相流动与传热特性

直管式直流蒸汽发生器在不同工况下运行时,其运行参数随之发生变化,进一步影响到二次侧蒸干及蒸干后传热特性,例如蒸干位置、蒸干及蒸干后壁面温度和表面传热系数等参数的轴向分布规律。另外,直流蒸汽发生器传热管束间需要安装支撑板以防止传热管发生变形和偏移。支撑板在起支撑传热管束作用的同时也改变了二次侧流体的流动特性，进而影响两相流动沸腾传热特性。因此有必要进行不同运行参数和支撑板结构下的蒸干及蒸干后传热特性研究，以揭示运行参数和支撑板对蒸干及蒸干后传热的影响规律。

直流蒸汽发生器内的支撑板与传热管间留有一定的缝隙，除装配需要外还允许传热管发生较小的变形和偏移，以避免局部位置发生应力集中和应力腐蚀。但是直流蒸汽发生器运行一段时间后，支撑板与传热管间的缝隙由于杂质沉积逐渐被堵塞，最终演变为无缝隙结构。因此考虑到运行参数的变化及支撑板与传热管间有无缝隙的实际情况，研究质量流量、热流密度、压力、入口过冷度等运行参数和不考虑支撑板、有支撑板不考虑缝隙、有支撑板且考虑缝隙3种结构对汽液两相流动与传热，尤其是蒸干及蒸干后传热的影响。另外，本书研究的重点是涉及蒸干传热恶化现象的二次侧复杂的汽液两相流动与传热，因此数值计算在第二类边界条件下进行。

考虑到二次侧流体流经支撑板后流场将发生变化，不利于数值计算的稳定性。因此为保证数值计算的稳定性，在数值计算的初始阶段对各个方程采用精度较低的离散格式，经过一定的迭代步数当数值计算相对趋于稳定时，采用高阶离散格式以得到精度更好的数值模拟结果，离散策略详见表5.11。

表5.11　离散策略

方程	前 5 000 步	5 000 步以后
梯度	基于单元的最小二乘法	基于单元的最小二乘法
动量	一阶迎风	二阶迎风
体积分数	一阶迎风	二阶迎风
湍动能	一阶迎风	二阶迎风
比耗散率	一阶迎风	二阶迎风
能量	一阶迎风	二阶迎风

以 Babcock & Wilcox 公司实际运行的直流蒸汽发生器为原型，根据近似模化法对其进行合理简化，简化后的直流蒸汽发生器二次侧流域及网格划分如图5.2所示，几何参数见表5.12。

表 5.12　几何参数

参数	数据
管外径 /mm	15.875
管节距 /mm	22.225
传热管高度 /mm	7 000

质量含汽率对于传热恶化是一个非常重要的参数,因此在研究不同运行参数对蒸干及蒸干后传热的影响(不包括热流密度的影响)时均通过调节热流密度来保持传热管束出口质量含汽率不变(约为 0.98),以保证发生的流动沸腾传热恶化为蒸干。不同工况运行参数见表 5.13。

表 5.13　不同工况运行参数

工况	质量流速 /(kg·m⁻²·s⁻¹)	入口过冷度 /K	压力 /MPa	热流密度 /(kW·m⁻²)	出口质量含汽率
1	300 ~ 6 000	5	7	295.0 ~ 5 900.6	0.98
2	500, 5 000	5	7	100 ~ 2 800	—
3	500, 5 000	5	5,7,10	432.5 ~ 5 888.1	0.98
4	1 495	5 ~ 60	7	1 470.2 ~ 1 735.8	0.98

5.3.1　质量流速的影响

研究质量流速的影响时,运行工况见表 5.13 中工况 1。图 5.36 为不同质量流速下直流蒸汽发生器壁面温度沿轴向传热管高度的轴向分布。从图中可以看出,在单相液对流区,由于传热管壁与流体间为单相对流传热,壁面温度随着流体温度的升高而缓慢升高。进入核态沸腾区后,二次侧流体温度保持在饱和温度,壁面温度以接近并高于二次侧流体饱和温度的形式缓慢升高。随着流动沸腾的进行,两相流型由弹状流转换为环状流,壁面处的液膜受到沉积、夹带、蒸发的多重作用。当环状液膜在上述作用下被撕裂时,相应的质量含汽率也较高,此时进入缺液区,即发生蒸干。蒸干处壁面直接与蒸汽接触,传热能力大幅度减弱,因此壁面温度急剧上升。壁面温度急剧上升对应的位置称为蒸干发生位置或蒸干点。可以发现,在蒸干位置及蒸干前的传热区,不同质量流速下的壁面温度变化趋势基本是一致的,但是蒸干后壁面温度的变化趋势与质量流速存在明显的函数关系。低质量流速下,蒸干后的壁面温度呈现下降趋势;高质量流速下,缺液区的壁面温度则呈现与之相反的变化趋势,沿传热管高度逐渐上升。通过深入解析蒸干机理可知,蒸干发生后在核心蒸汽中存在夹带的液滴,当质量流速较低时,蒸汽流速也较低,此时蒸汽中夹带的液滴撞击壁面,因此对壁面产生冷却作用,缺液区壁面温度呈现下降的趋势;反之,质量流速较高时蒸汽流速大,液滴被蒸汽夹带着直接从管内流过,来不及撞击壁面,壁面仅与蒸汽接触,因此壁面温度呈现上升趋势。

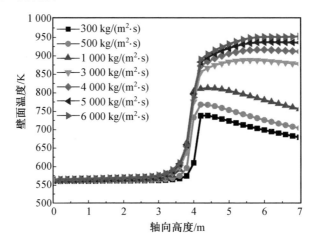

图 5.36   不同质量流速下壁面温度沿传热管高度的轴向分布

与此相类似,Bennett 研究了质量流速对第一类传热恶化(DNB)后轴向壁面温度分布的影响,结果如图 5.37 所示。传热恶化发生机理不同导致其反映的规律与图 5.36 相反,高质量流速下传热恶化发生后壁面温度沿传热管高度逐渐下降,而低质量流速下则呈现上升趋势。由 DNB 传热恶化现象发生机理可知,DNB 传热恶化发生后,汽膜时而覆盖传热管壁表面,时而被液相撕裂。当流体质量流速较高时,液相撕裂汽膜的强度较大,即在该区域液相与壁面接触所占比例较大;当质量流速较低时,液相撕裂汽膜的强度相对较弱,汽膜与壁面接触所占比例较大。因此高质量流速下,壁面处传热相对剧烈,在传热恶化发生后壁面温度呈现下降趋势;反之,低质量流速下,传热恶化发生后壁面温度呈现上升趋势。Bennett 后期又陆续发现了类似的规律。

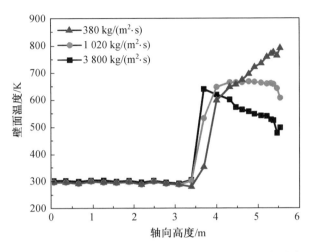

图 5.37　Bennett 实验中质量流速对 DNB 后轴向壁面温度分布的影响

图 5.38(a) 为不同质量流速下表面传热系数沿传热管轴向高度的变化,图 5.38(b) 为不同质量流速下 Nu 沿传热管轴向高度的变化。从图中可以看出,蒸干传热恶化发生处液膜被撕裂,壁面直接与蒸汽接触,传热能力大幅度降低,表面传热系数和 Nu 迅速下降。缺液区质量含汽率缓慢升高,蒸汽流速也相应地缓慢增大,表面传热系数和 Nu 缓慢升高,这与图 5.36 揭示的规律相一致。由图 5.36 可知(T_f 为流体温度),低质量流速下蒸干后壁面温度沿轴向高度下降,根据 $q = h(T_w - T_f)$ 可知,热流密度不变时壁面温度下降,从而表面传热系数和 Nu 缓慢升高。高质量流速下蒸干后壁面温度沿轴向高度缓慢上升,但同时较高的质量流速致使液滴被蒸汽夹带着直接从管内流过,即传热管壁面传递的热量全部用来使蒸汽过热,蒸汽温度迅速上升,因此二者温差逐渐减小,表面传热系数和 Nu 缓慢上升。质量流速不会影响其变化趋势,但是由于高质量流速对应的流体流速也高,因此缺液区表面传热系数和 Nu 也略高于低质量流速下对应的表面传热系数和 Nu。

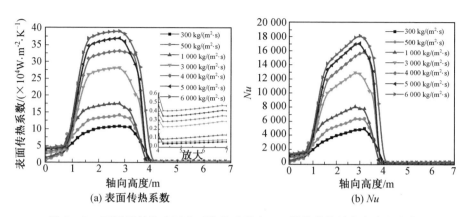

图 5.38　不同质量流速下表面传热系数和 Nu 沿传热管轴向高度的变化

5.3.2　热流密度的影响

研究热流密度的影响时,运行工况见表 5.13 中工况 2。图 5.39 与图 5.41 分别为低质量流速(500 kg/(m² · s))与高质量流速(5 000 kg/(m² · s))时不同热流密度下轴向壁面温度的变化。图 5.40 和图 5.42 分别为相应的壁面温度轴向变化率与体积含汽率的关系。通过图 5.39 ～ 5.42 可以发现,热流密度较小时,直流蒸汽发生器二次侧为单相对流传热和核态沸腾传热,传热管束出口质量含汽率较低,壁面温度缓慢升高,不会发生跳跃性的飞升,变化速率几乎为 0。随着热流密度的增大,出口质量含汽率逐渐上升,当质量含汽率上升到一定程度时,壁面温度开始出现跳跃性的飞升,当变化速率达到或超过 250 K/m 时发生蒸干传热恶化现象。由于热流密度较大时蒸汽发生器二次侧质量含汽率更早地达到临界质量含汽率,即蒸干发生的位置随着热流密度的增大而提前,同时蒸干传热恶化发生处壁面温度飞升幅度也相应地变大。通过对比图 5.39 和图 5.41 可以发现,低质量流速和高质量流速下热流密度对轴向壁面温度变化的影响规律基本一致。但是从图 5.40 和图 5.42 可以发现,缺液区(即体积含汽率大于 0.95 时)壁面温度轴向变化率在低质量流速下为负值,在高质量流速下为正值,其原因是不同的质量流速引起的蒸干后壁面温度的变化趋势不同。

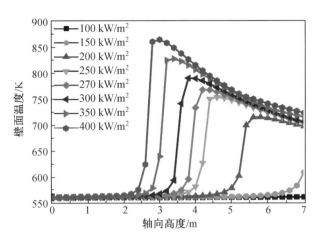

图 5.39　质量流速为 500 kg/(m² · s) 时不同热流密度下轴向壁面温度的变化

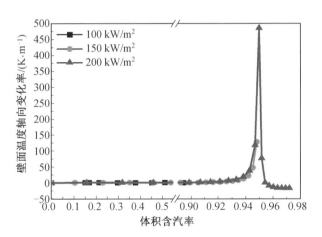

图 5.40　质量流速为 500 kg/(m² · s) 时不同热流密度

下壁面温度轴向变化率与体积含汽率的关系

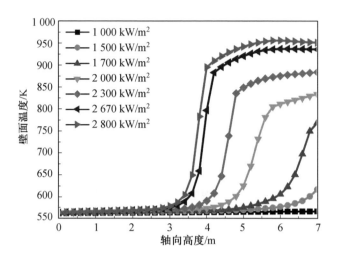

图 5.41 质量流速为 5 000 kg/(m² · s)时不同热流密度下轴向壁面温度的变化

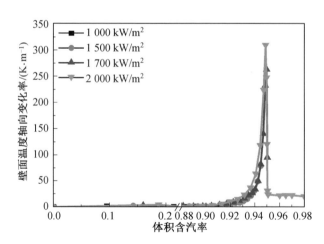

图 5.42 质量流速为 5 000 kg/(m² · s)时不同热流密度

下壁面温度轴向变化率与体积含汽率的关系

图 5.43 和图 5.44 分别为低质量流速和高质量流速时热流密度对表面传热系数和 Nu 影响。从图中可以发现,热流密度较低时传热管整体的平均表面传热系数和 Nu 较高,不会突然降低,其原因是直流蒸汽发生器二次侧壁面传热属于单相液对流传热和核态沸腾传热;当热流密度增大到一定程度时,在蒸干位置表面传热系数和 Nu 突然下降。究其原因,发生蒸干传热恶化处二次侧壁面液膜被核心蒸汽撕裂或蒸干,壁面直接与蒸汽接触,传热能力大幅度降低,表面传热系数和 Nu 突然下降。

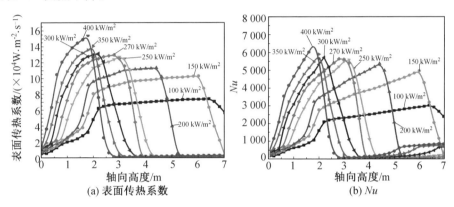

图 5.43　质量流速为 500 kg/(m² · s) 时热流密度对表面传热系数和 Nu 的影响

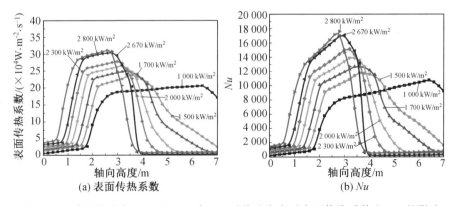

图 5.44　质量流速为 5 000 kg/(m² · s) 时热流密度对表面传热系数和 Nu 的影响

5.3.3　压力的影响

　　研究压力的影响时,运行工况见表 5.13 中工况 3。图 5.45 所示为质量流速为 500 kg/(m² · s) 时不同压力下表面传热系数和 Nu 沿轴向高度变化规律。由图可知,核态沸腾区(压力为 5 MPa、7 MPa 和 10 MPa 时核态沸腾区对应轴向高度分别为 0.2 ～ 2 m、0.6 ～ 2.8 m 和 1.2 ～ 4 m),压力越高,二次侧壁面与流体间的传热越强烈。究其原因,汽液两相流的密度差随着压力的增大而减小。根据式(3.65)和式(3.66)可知,在相同的质量流速下汽泡脱离直径减小,汽泡脱离频率增大,因此汽泡的生成、成长和脱离壁面所产生的扰动作用更强烈,对传热性能的强化效果更显著,表面传热系数和 Nu 逐渐增大。蒸干传热恶化发生处传热能力大幅度下降,表面传热系数和 Nu 急剧减小。

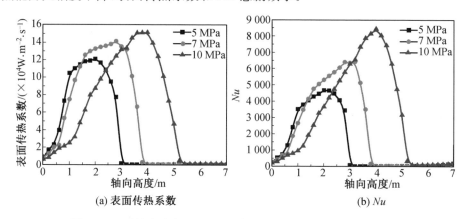

图 5.45　质量流速为 500 kg/(m² · s) 时不同压力下表面传热系数和 Nu 沿轴向高度变化规律

图 5.46 和图 5.47 分别给出了低质量流速和高质量流速时不同压力下轴向壁面温度的变化。分析发现,随着压力的增大,水的汽化潜热变小。为保证出口质量含汽率相同,热流密度也应相应减小。同时传热能力在逐渐增强,根据 $q = h(T_w - T_f)$,壁面温度与流体温度的温差变小,而流体温度略低于蒸干前壁面温度,因此蒸干传热恶化发生处壁面温度飞升的幅度也随着压力的增大而下降。对比图 5.46 和图 5.47 可以看出,压力对轴向壁面温度分布的影响与质量流速无关,不同压力下高质量流速和低质量流速时壁面温度仅在缺液区的变化趋势不同。

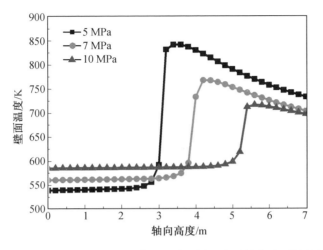

图 5.46　质量流速为 500 kg/(m² · s) 时不同压力下轴向壁面温度的变化

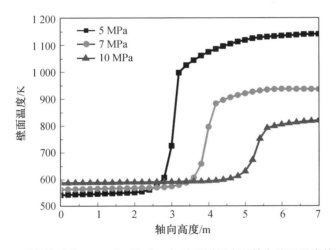

图 5.47　质量流速为 5 000 kg/(m² · s) 时不同压力下轴向壁面温度的变化

图 5.48 所示为蒸干位置随压力的变化曲线,可以发现蒸干位置随着压力的增大逐渐向下游移动。其原因是:当环状液膜被核心蒸汽撕裂时发生蒸干,运行压力越高,汽液两相密度差越小,相应的流速差也越小,致使环状液膜稳定性越好,撕裂液膜所需临界质量含汽率也越高,因此蒸干位置随压力的增大而向下游移动。

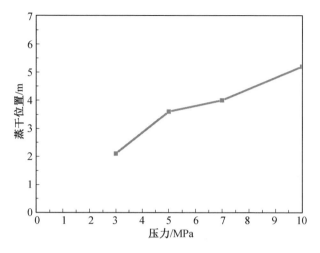

图 5.48　蒸干位置随压力的变化曲线

5.3.4　入口过冷度的影响

为研究入口过冷度对直流蒸汽发生器壁面温度分布的影响,根据表 5.13 中工况 4 进行了数值模拟研究。不同入口过冷度(ΔT_{sub})下壁面温度沿传热管轴向高度的变化曲线如图 5.49 所示。图 5.50 所示为相应的表面传热系数和 Nu 沿传热管轴向高度的变化曲线。从图 5.49 可以看出,随着入口过冷度的增大,蒸干发生位置向下游移动,蒸干发生处壁面温度急剧上升的幅度基本一致,说明入口过冷度仅对蒸干发生位置有影响,而不会影响壁面温度的变化趋势及变化幅度。当入口过冷度增大时,二次侧从单相液到核态沸腾起始需要更多的热量,也就是需要更高的传热管高度,即更高的蒸干位置。但是由于入口过冷度对于流动与传热几乎没有影响,因此对壁面温度的变化趋势及飞升幅度影响较小。正如图 5.50 所示,表面传热系数和 Nu 沿传热管轴向高度的分布趋势几乎一致,主要的不同是单相液对流区长度以及蒸干发生位置。

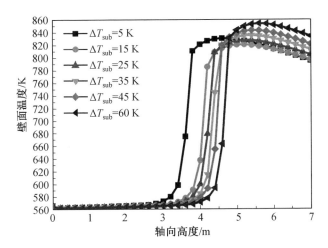

图 5.49　不同入口过冷度下壁面温度沿传热管轴向高度的变化曲线

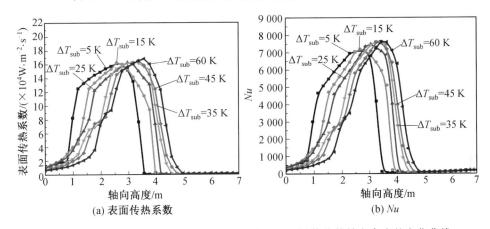

(a) 表面传热系数　　　　　　　　　　(b) *Nu*

图 5.50　不同入口过冷度下表面传热系数和 *Nu* 沿传热管轴向高度的变化曲线

本章参考文献

[1] GHOBADIAN S A, VASQUEZ. A general purpose implicit coupled algorithm for solution of Eulerian multi-phase transport equations [C]. Leipzig: International Conference on Multiphase Flow, 2007.

[2] BECKER K M, LING C H, HEDBERG S, et al. An experimental

investigation of post dryout heat transfer[M]. Stockholm：Department of Nuclear Reactor Engineering，Royal Institute of Technology，1983.

[3] The Babcock ＆ Wilcox Company. Nuclear steam generators，Steam：its generation and use[M]. Barberton：The Babcock ＆ Wilcox Company，2011.

[4] 杨元龙. 基于两流体模型的蒸汽发生器热工水力数值研究[D]. 哈尔滨：哈尔滨工程大学，2013.

[5] COLLIER J G，THOME J R. Convective boiling and condensation[M]. New York：Oxford University Press，1981.

[6] DITTUS F W，BOELTER L M K. Heat transfer in automobile radiators of the tubular type[J]. International Communications in Heat and Mass Transfer，1985，12(1)：3-22.

[7] 赵兆颐，朱瑞安. 反应堆热工流体力学[M]. 北京：清华大学出版社，1992.

[8] 陈学俊. 气液两相流与传热基础[M]. 北京：科学出版社，1995.

[9] KELLEY C T，KEYES D E. Convergence analysis of pseudo-transient continuation[J]. SIAM Journal on Numerical Analysis，1996，35（2）：508-523.

[10] TENCHEV R T，FALZON B G. A pseudo-transient solution strategy for the analysis of delamination by means of interface elements[J]. Finite Elements in Analysis and Design，2006，42(8-9)：698-708.

[11] LUO X L. A second-order pseudo-transient method for steady-state problems [J]. Applied Mathematics and Computation，2010，216(6)：1752-1762.

[12] KELLEY C T，LIAO L Z. Explicit pseudo-transient continuation[J]. Pacific Journal of Optimization，2013，9(1)：77-91.

[13] BERTOLOTTI G，MCDONALD B N，MICHAUD E R. Once-through steam generator：Oconee-1 operation[J]. Nuclear Energy，1974，21(8-9)：484-494.

[14] The Babcock ＆ Wilcox Company. Essential controls and instrumentation，pressurized water reactor Babcock ＆ Wilcox technology cross training

course manual[M]. Barberton: The Babcock & Wilcox Company, 2011.

[15] TONG L S, CURRIN H B, LARSEN P S. Influence of axially nonuniform heat flux on DNB[J]. Chemical Engineering Program Symposium, 1966, 62: 35-40.

[16] BIASI L, CURRIN G C, GARIIBBA S. Studies on burnout, part 3: a new correlation for round ducts and uniform heating and its comparison with world data[J]. Nuclear Energy, 1967, 14(9): 530-536.

[17] LEE S K, CHANG S H. Experimental study of post-dryout with R-134a upward flow in smooth tube and rifled tubes[J]. International Journal of Heat and Mass Transfer, 2008, 51(11): 3153-3163.

[18] CHEN J C, OZAYNAK F T, SUNDARAM R K. Vapor heat transfer in post-CHF region including the effect of thermodynamic non-equilibrium [J]. Nuclear Engineering and Design, 1979, 51(2): 143-155.

[19] SAHA P. A non-equilibrium heat transfer model for dispersed droplet post-dryout regime[J]. International Journal of Heat and Mass Transfer, 1980, 23(4): 483-492.

[20] HADALLER G, BANERJEE S. Heat transfer to superheated steam in round tubes [M]. Salt Lake City: Atomic Energy of Canada, Limited, 1969.

[21] GROENEVELD D C. Post-dryout heat transfer at reactor operating conditions [M]. Salt Lake City: Atomic Energy of Canada, Limited, 1973.

[22] DOUGALL R S, ROHSENOW W M. Film-boiling on the inside of vertical tubes with upward flow of fluid at low qualities[M]. Cambridge: MIT, 1963.

[23] LI H, ANGLART H. Prediction of dryout and post-dryout heat transfer using a two-phase CFD model[J]. International Journal of Heat and Mass Transfer, 2016, 99: 839-850.

[24] SHI J, SUN B, YU X, et al. Modeling the full-range thermal-hydraulic characteristics and post-dryout deviation from thermodynamic equilibrium in once-through steam generators[J]. International Journal of Heat and

Mass Transfer，2017，109：266-277.

[25] BENNETT A W，HEWITT G F，KEARSEY H A，et al. Studies of burnout in boiling heat transfer to water in round tubes with non-uniform heating[M]. Abingdon：UK Atomic Energy Authority，1966.

[26] BENNETT A W，HEWITT G F，KEARSEY H A，et al. Heat transfer to steam-water mixtures in uniformly heating tubes in which the critical heat flux has been exceeded［M］. Abingdon：UK Atomic Energy Authority，1968.

[27] XU Z Y，LIU M L，CHEN C，et al. Development of an analytical model for the dryout characteristic in helically coiled tubes[J]. International Journal of Heat and Mass Transfer，2022，186：122423.

[28] CLIFFORD I，PECCHIA M，MUKIN R，et al. Studies on the effects of local power peaking on heat transfer under dryout conditions in BWRs[J]. Annals of Nuclear Energy，2019，130：440-451.

[29] FAN W Y，LI H P，ANGLART H. A study of rewetting and conjugate heat transfer influence on dryout and post-dryout phenomena with a multi-domain coupled CFD approach[J]. International Journal of Heat and Mass Transfer，2020，163：120503.

[30] SONG G L，YU L，SUN R L，et al. A dryout mechanism model for rectangular narrow channels at high pressure conditions[J]. Nuclear Engineering and Technology，2020，52(10)：2196-2203.

[31] 刘茂龙,刘利民,巢孟科,等. 小型压水堆螺旋管式直流蒸汽发生器热工水力特性试验及数值模拟研究［J］. 原子能科学技术，2022，56（11）：2327-2333.

第 6 章

蒸干及蒸干后传热的改善

　　本章在前述研究基础上首先对改善蒸干及蒸干后传热的意义进行论述。然后采用第 3 章建立的数学模型研究了核动力直流蒸汽发生器二次侧管束间布置的支撑板(TSP)对蒸干及蒸干后传热的影响规律。此外,针对缺液区壁面温度较高的问题,采用欧拉—拉格朗日法进行考虑液滴溅射的缺液区内连续蒸汽和离散液滴流动与传热行为的数值模拟,研究蒸干参数对流动沸腾过程中的局部传热区——缺液区内传热(即蒸干及蒸干后传热)的影响规律,探讨缺液区壁面温度的控制方法。

6.1　改善蒸干及蒸干后传热的意义

从前述研究中可以看出,对于缺液区,无论轴向壁面温度如何变化,该区域内整体壁面温度均较高。同时缺液区壁面温度的变化趋势取决于液滴与壁面间的传热,如果液滴能够很好地润湿壁面,壁面处传热得到改善,则壁面温度在一定程度上有所降低;反之,如果液滴不润湿壁面,壁面温度将继续上升。因此,针对缺液区壁面温度较高的问题,拟通过采取一些措施强化该区域内的传热以降低壁面温度,例如喷雾冷却。喷雾冷却和液膜撕裂形成的液滴不仅液滴直径和临界质量含汽率不同,液滴的溅射也会引起液滴的轴向流速和径向扰动等参数的变化,这些蒸干参数对蒸干及蒸干后壁面温度、表面传热系数等参数的分布规律有显著的影响。所以有必要研究蒸干参数对流动沸腾过程中的局部传热区——缺液区内传热(即蒸干及蒸干后传热)的影响,以探讨可能的缺液区壁面温度控制方法。

对于汽液两相流动与传热过程,主要采用欧拉-欧拉法和欧拉-拉格朗日法进行研究。欧拉-欧拉法将流域内各相看作互相贯穿的连续流体,每一相的守恒方程具有相似的形式,侧重于获取粒子的整体信息,应用的离散相体积分数范围较大。因此对于涉及多个传热区的直管式直流蒸汽发生器热工水力特性数值模拟(第 5 章研究内容),采用欧拉-欧拉法进行研究。对于不同工况下的缺液区,考虑液滴溅射时,蒸干处的液滴直径、液滴轴向流速、液滴径向扰动和临界质量含汽率均会发生变化。但是欧拉-欧拉法将所有液滴视为一个整体,不能实现对液滴具体参数的控制,因此对于蒸干参数影响下缺液区传热的研究,其适用性较弱。需要探讨专门针对考虑液滴溅射的缺液区内连续蒸汽和离散液滴流动与传热的数值计算方法。

欧拉－拉格朗日法对连续相直接求解时采用均纳维－斯托克斯方程,对于离散相求解时则通过计算流场中大量的以离散相形式存在的流体的运动得到,连续相与离散相之间及流场与壁面之间的相互作用以源项的形式体现。该方法的使用前提是离散相(在缺液区指离散液滴)体积比率很低。所研究的蒸干传热恶化现象发生处质量含汽率较高,相应的体积含汽率更高。也就是说,蒸干位置的体积含液率非常低。同时,缺液区的传热无论处于蒸干后发展中区还是蒸干后充分发展区,流体都以两种形式存在:核心连续蒸汽以及弥散在连续蒸汽中的离散液滴,这与欧拉－拉格朗日法处理多相流的方法相一致。因此考虑到欧拉－拉格朗日法对于缺液区流动与传热特点具有上述优势,采用欧拉－拉格朗日法进行了考虑液滴溅射的缺液区内连续蒸汽和离散液滴流动与传热行为的数值模拟研究。

6.2　支撑板对蒸干及蒸干后传热的影响

在核动力直流蒸汽发生器二次侧管束间通常布置支撑板对管束进行约束,同时支撑板的存在对于强化蒸干及蒸干后传热也起较为重要的作用。本章在光滑管束研究的基础上进一步对管束间布置支撑板时的流动沸腾传热进行数值模拟。

6.2.1　物理模型、网格系统及边界条件

为真实再现直流蒸汽发生器实际工作过程,以 Babcock & Wilcox 公司设计的直管式直流蒸汽发生器为原型,并考虑传热管束间布置的支撑板,经简化后得到具有 3 个流水孔的三叶梅花形支撑板,建立无支撑板(Case 1)、有支撑板不考虑缝隙(Case 2,相当于蒸汽发生器运行一段时间后支撑板与传热管间的缝隙被杂质沉积堵塞的情况)和有支撑板且考虑缝隙(Case 3)3 种结构下的三维杂质单元管物理模型。遵从实际直流蒸汽发生器壳侧支撑板的设置,从轴向高度 1 m

位置开始每隔 1 m 安装一块支撑板,共 6 块(TSP1 ～ TSP6),如图 6.1 所示。几
何参数见表 6.1。表 6.2 为模拟的边界条件。

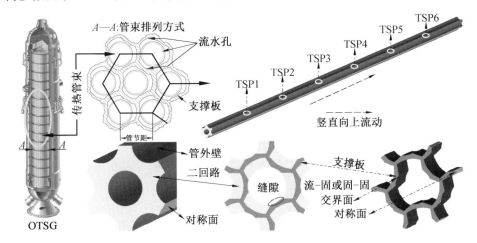

图 6.1　三维物理模型

表 6.1　几何参数

名称及单位	数值
管外径 /mm	15.875
管节距 /mm	22.225
传热管高度 /mm	7 000
支撑板间距 /mm	1 000
支撑板厚度 /mm	30
缝隙 /mm	0.3

表 6.2　模拟的边界条件

名称及单位		数值
入口	质量流量 /(kg·s^{-1})	0.117 4
	过冷度 /K	59.08
出口	压力 /MPa	7.01
传热管壁面	热流密度 /(W·m^{-2})	200 000
支撑板与管壁或流体接触面	耦合交界面	—
其他边界	对称面	—

考虑到实际直管式直流蒸汽发生器二次侧发生的是两相流动沸腾,尽管非结构网格系统具有划分难度低、操作方便等优点,但是考虑到非结构网格对于两相流的模拟精度低且网格数量庞大、计算成本昂贵,因此全部采用六面体结构化网格系统。同时支撑板的物理模型非常复杂,支撑板与流体间、支撑板与传热管外壁面间存在多个流 — 固或固 — 固交界面,这无形中增加了网格划分的难度。因此针对具有不同属性的区域网格单独处理,网格划分策略如图 6.2 所示。将复杂的考虑支撑板的三维单元管物理模型按照属性分成约 4 000 个区域(其中在支撑板对应纵向区域上的横截面 1 ~ 72 为支撑板所在的固体域,其余全部为流体域),进而针对每一区域独立定义网格变量,最终得到满足两相流数值模拟质量要求的如图 6.3 所示的网格系统。

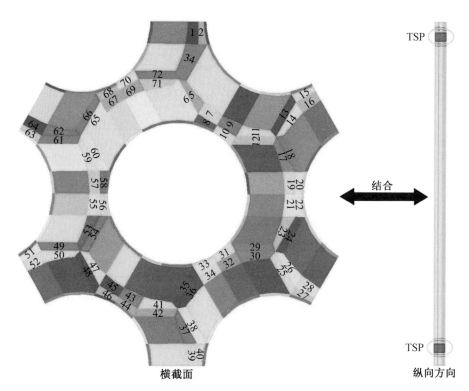

图 6.2　网格划分策略

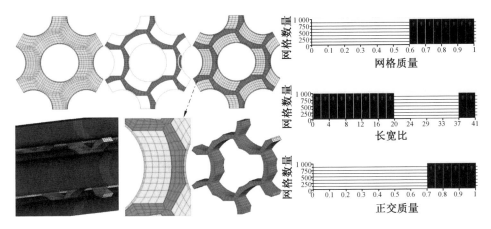

图 6.3 网格系统

6.2.2 支撑板对两相流动的影响

直流蒸汽发生器二次侧布置的支撑板首先影响汽液两相流的流动,进而使核态沸腾传热、蒸干及蒸干后传热特性发生变化,因此首先讨论支撑板对两相流动的影响。图 6.4 所示为 Case 1 ~ Case 3 下汽液两相流速轴向分布,可以发现在形成汽泡过程中产生的动力学效应、相间浮升力、拖曳力等的共同作用下,汽液两相流速整体呈上升趋势,并且汽相流速高于液相流速。在支撑板区域由于流通截面的迅速缩小,汽液两相流速均急剧升高,最高达近 7 m/s。流过支撑板后随着流通截面的恢复,流速迅速减小。从图 6.4 中还可以看出,支撑板几乎不影响流体整体流动特性,但对局部流动的影响较大。

为了更清晰地观察支撑板对局部流场的影响,分别给出 3 种结构下对应第三块和第六块支撑板附近汽相和液相的流速矢量图和流线图,如图 6.5 ~ 6.12 所示。可以发现,支撑板起节流作用,流体流过支撑板后产生强烈的扰动,形成漩涡和涡流,使流域水力流动结构发生剧烈变化。由于 Case 2 的流通截面积小于 Case 3 的流通截面积,因此 Case 2 中汽液两相流流经支撑板时的主流流速大于 Case 3 对应的流体主流流速。Case 1 流体的流动较为稳定,随着传热的进行,汽液两相流速均保持稳定上升趋势。同时可以观察到对于 Case 3,从缝隙流出的流体对于漩涡的形成产生削弱作用,因此漩涡的扰动作用弱于 Case 2 的扰动。

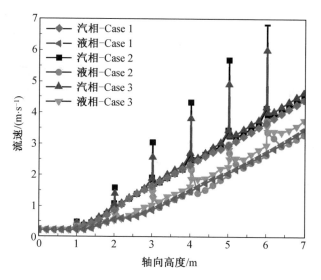

图 6.4　汽液两相流速轴向分布

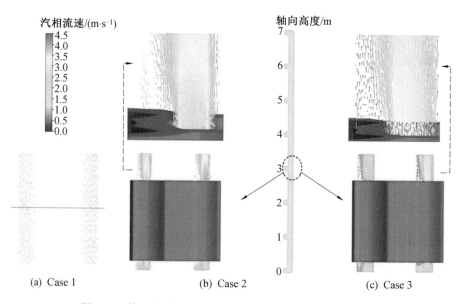

(a) Case 1　　　　　(b) Case 2　　　　　(c) Case 3

图 6.5　第三块支撑板附近汽相流速矢量图(彩图见附录)

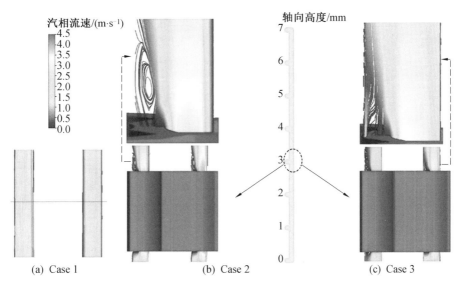

图 6.6　第三块支撑板附近汽相流线图(彩图见附录)

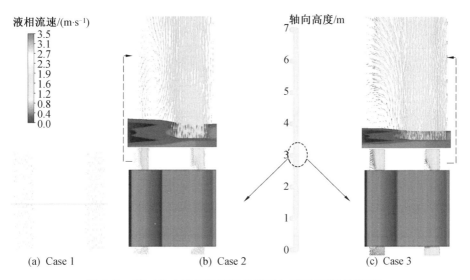

图 6.7　第三块支撑板附近液相流速矢量图(彩图见附录)

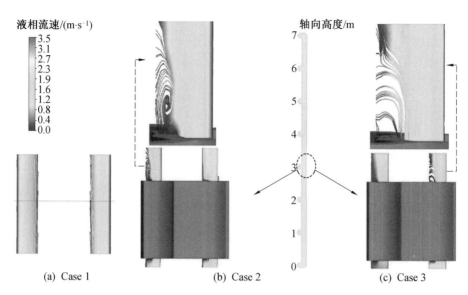

(a) Case 1　　　　　　　(b) Case 2　　　　　　　(c) Case 3

图 6.8　第三块支撑板附近液相流线图（彩图见附录）

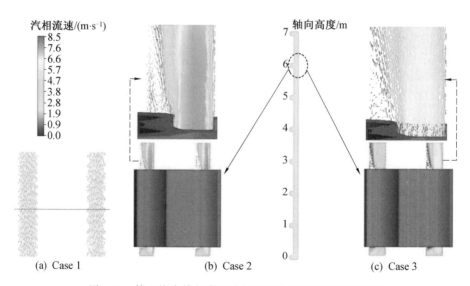

(a) Case 1　　　　　　　(b) Case 2　　　　　　　(c) Case 3

图 6.9　第六块支撑板附近汽相流速矢量图（彩图见附录）

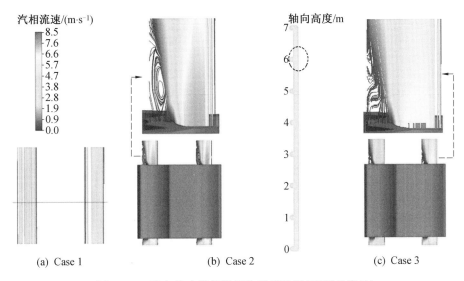

图 6.10 第六块支撑板附近汽相流线图(彩图见附录)

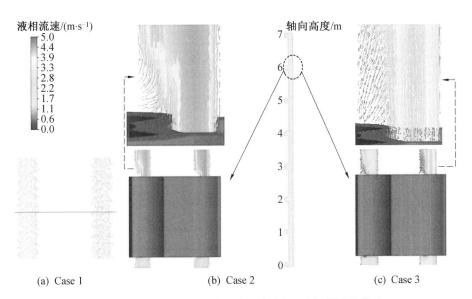

图 6.11 第六块支撑板附近液相流速矢量图(彩图见附录)

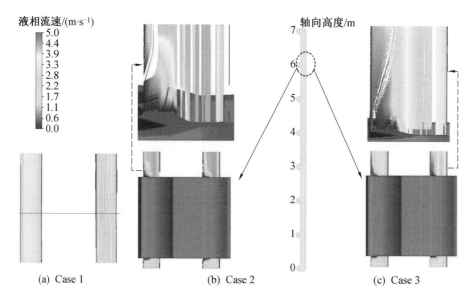

图 6.12   第六块支撑板附近液相流线图(彩图见附录)

从图 6.5～6.12 中可以发现,同一支撑板附近,汽相流速均高于液相流速。第三块支撑板附近,由于汽相(蒸汽)和液相各自体积分数均较高,因此汽液两相流经支撑板时均产生较为明显的扰动作用。但是第六块支撑板附近,由于蒸汽的体积分数相对较高,因此蒸汽流经支撑板时漩涡产生的扰动作用强于液相。通过对比第三块和第六块支撑板附近汽液两相流流速矢量和流线的分布可以看出,随着流动与传热的进行,体积含汽率逐渐增大,相应的体积含液率逐渐减小,因此汽相流经第六块支撑板时产生的扰动作用强于流经第三块支撑板时,而液相流经第六块支撑板时产生的扰动作用弱于流经第三块支撑板时。

对于汽液两相流动沸腾系统,两相流体的真实流速不同,汽液两相的流速对体积含汽率的分布规律及流场有重要的影响。因此有必要分析滑速比的轴向分布,如图 6.13 所示,可以发现不考虑支撑板时,核态沸腾区在大量汽泡的生成和扰动作用下滑速比迅速增大。随着流型转变为环状流和雾状流,蒸汽的主要生成方式变为环状液膜在其和蒸汽交界面处的蒸发以及液滴的汽化,滑速比逐渐减小。考虑支撑板后,滑速比的轴向分布呈周期性变化,流体流经每个支撑板时流速的急剧增大引起滑速比迅速上升,但是流过支撑板后形成的漩涡导致汽液两相流混合得更均匀,因此滑速比又迅速下降。从图 6.13 可知 Case 3 的滑速比与其他两种结构相比整体趋势相对较低。

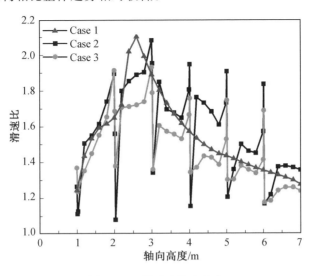

图 6.13　滑速比轴向分布

图 6.14 所示为 3 种结构下的直流蒸汽发生器二次侧运行压力的轴向分布，图 6.15 为两相流体流经 Case 3 支撑板时的压力云图。对比有无支撑板时的压力轴向分布发现，支撑板增加了汽液两相流动的局部阻力，并且随着流动沸腾的进行，局部压降越来越显著。原因：从式(3.122)中可发现，由于 n 为小于 1 的常数，

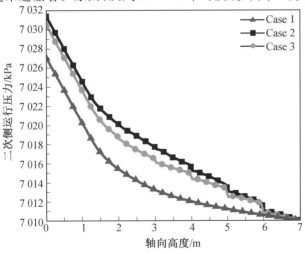

图 6.14　二次侧运行压力的轴向分布

所以两相压降倍率随截面含汽率的增大而增大。考虑到6块支撑板形式相同,因此渗透率和支撑板厚度保持不变。结合式(3.121)可知,流体流经支撑板时的局部阻力仅与两相压降倍率成正比,因此流体流经支撑板时的局部压降也逐渐增大。考虑支撑板时总压降相比不考虑支撑板增加了约 4 kPa。

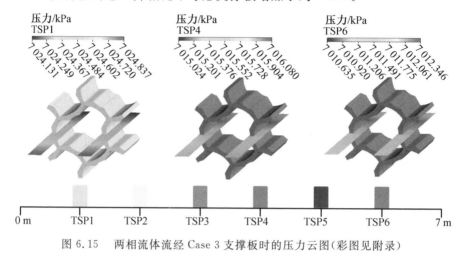

图 6.15　两相流体流经 Case 3 支撑板时的压力云图(彩图见附录)

6.2.3　支撑板对流动沸腾传热的影响

图 6.16 所示为直流蒸汽发生器二次侧流动与传热过程中体积含汽率的轴向分布规律,从中可知轴向高度为 $0 \sim 0.8$ m 的区域属于单相液对流区,体积含汽率为 0。进入核态沸腾区后汽泡迅速生成,体积含汽率从 0 开始迅速增大。传热由核态沸腾区转变为环状液膜对流蒸发区后,汽相生成速率降低,体积含汽率增长趋势变缓。而缺液区偏离热力平衡现象的发生进一步减弱了体积含汽率的增长趋势。考虑有支撑板情况下,汽液两相流流经支撑板时由于流通截面积变小,大汽泡无法通过,从而破裂成小汽泡,因此在支撑板上游区域体积含汽率小幅下降;而在支撑板下游区域,小汽泡在碰撞、合并和成长的作用下重新变为大汽泡,并且支撑板下游区域形成的漩涡起强化传热的作用,体积含汽率迅速上升,流体流过支撑板后随着流动逐渐趋于稳定,体积含汽率又恢复到正常值。由于在流动沸腾后期汽泡的生成、成长变缓,最终消失,因此体积含汽率在流体流经支撑板时的变化也逐渐减缓。支撑板仅影响体积含汽率的局部分布,对出口体积含

汽率的影响很小。

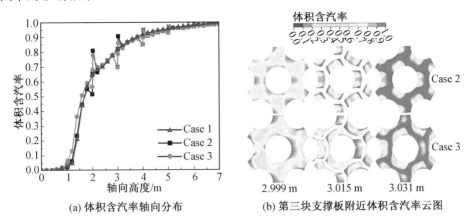

(a) 体积含汽率轴向分布　　　(b) 第三块支撑板附近体积含汽率云图

图 6.16　体积含汽率的轴向分布规律(彩图见附录)

图 6.17 所示为壁面温度轴向分布,图 6.18 所示为表面传热系数和 Nu 的轴向分布,图 6.19 所示为汽液两相温度轴向分布,图 6.20 所示为相应的支撑板附近局部区域壁面温度及汽液两相温度云图。结合图 6.17～6.20 可知,不考虑支撑板时,单相液对流传热区和蒸干前流动沸腾区由于传热效果较好,壁面温度、表面传热系数和 Nu 缓慢上升。单相液对流传热区液相温度逐渐增大,进入核态沸腾区后,液相和汽相温度保持在饱和温度不变。而流动沸腾过程中体积含汽率较高时连续环状液膜被撕裂,进而发生蒸干现象,蒸汽直接与传热管壁面接触,传热性能急剧恶化,表面传热系数和 Nu 急剧下降,壁面温度急剧上升,上升幅度约 300 K。在考虑支撑板的两种结构(Case 2 和 Case 3)中,蒸干前区壁面与液相接触,流体流经支撑板时表面传热系数和 Nu 先下降后上升,壁面温度相应地先上升后下降。原因是:流道的急剧变小引起支撑板区域部分壁面与蒸汽接触,因此传热性能下降、壁面温度上升;而流体流过支撑板时边界层被破坏,进而在支撑板下游形成扰动和漩涡,这在很大程度上强化传热,因此传热性能上升、壁面温度下降。支撑板下游扰动和漩涡的强化传热效应使得局部位置的体积含汽率率先达到蒸干标准。由于扰动和较高的体积含汽率对撕裂环状液膜均产生积极影响,所以蒸干位置位于 Case 1 的上游。流体流经第二块支撑板时即发生局部蒸干,一直到即将流经第四块支撑板时整体体积含汽率达到蒸干标准,整个流通截面完全蒸干。值得注意的是,支撑板下游区域漩涡产生的强化传热效应

能够大幅度降低蒸干传热恶化引起的壁面温度飞升现象。从图6.17中可以观察到与不考虑支撑板的结构相比,定热流边界条件下蒸干处壁面温度飞升幅度由300 K降低到200 K,并且壁面温度轴向变化率变小。这说明流道间布置的起固定支撑作用的支撑板在一定程度上有利于降低蒸干传热恶化现象引起的危害。

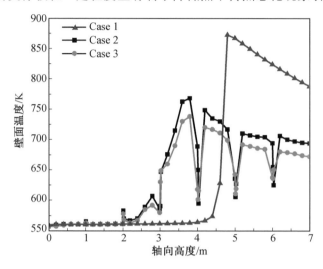

图 6.17　壁面温度轴向分布

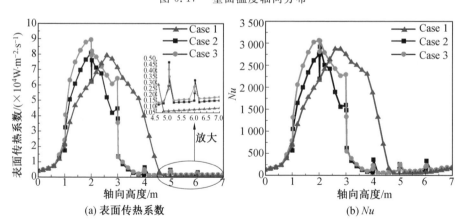

图 6.18　表面传热系数和 Nu 的轴向分布

同时从上述图6.17 ～ 6.20中看可以发现,缺液区壁面直接与蒸汽接触,支撑板上游区域(即流体即将流经支撑板时的区域)的表面传热系数和 Nu 变化较小。但是支撑板下游区域漩涡产生的强化传热效果导致表面传热系数和 Nu 增

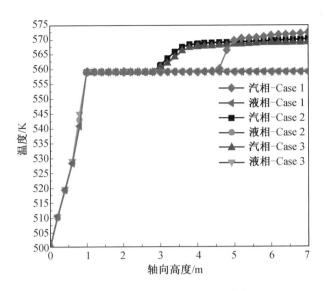

图 6.19　汽液两相温度轴向分布

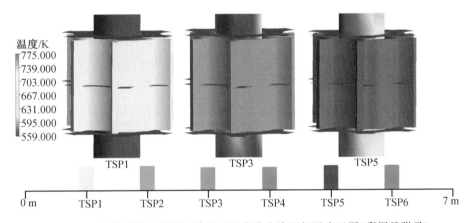

图 6.20　支撑板附近局部区域壁面温度及汽液两相温度云图（彩图见附录）

大、壁面温度迅速下降，然后随着流道的扩张，漩涡消失，表面传热系数和 Nu 减小到正常值，壁面温度迅速回升。蒸干传热恶化现象的发生意味着蒸汽直接与壁面接触，传热方式变为蒸汽与壁面间的对流传热，而蒸汽中夹带的液滴从蒸汽中吸收一部分热量，汽化为蒸汽。因此尽管蒸干发生后体积含汽率小于 1，缺液区仍旧处于饱和流动沸腾区，液相温度保持在饱和温度不变，但是蒸汽已经开始处于过热状态。考虑支撑板和不考虑支撑板时蒸汽温度分别在第二块支撑板位置和距入口约 4.4 m 位置进入过热状态。

图 6.21 所示为 Case 1～Case 3 三种结构下对应第一块和第六块支撑板 (TSP 1 和 TSP 6) 中间位置高度的周向壁面温度分布。由图 6.17 可知对应第一块支撑板位置的区域全部处于核态沸腾区,对应第六块支撑板位置的区域全部处于缺液区。从图 6.21 可看出,缝隙处壁面温度明显高于流水孔区域壁面温度。这是因为在缝隙间流动的流体流量与流水孔间流体流量之比约为一比几十。缝隙处流量小,汽泡的生成、成长和脱离壁面产生的扰动效果弱,传热性能相对较弱。同时由于直流蒸汽发生器传热管和支撑板布置具有对称性,所以壁面温度沿圆周方向的变化也呈现周期性变化。在图 6.21(a) 中,Case 3 中缝隙内流动的流体仍然与壁面进行传热,将壁面热量带走,对壁面起到较好的冷却作用,因此壁面周向温差相对较小;但是 Case 2 中除流水孔外的区域壁面和支撑板直接接触,不能被流体冷却,壁面周向温差大。图 6.21(b) 中由于 TSP6 位置所在传热区全部处于缺液区,蒸干现象的发生引起壁面温度急剧增大,周向壁面温度远高于图6.21(a) 中壁面温度,这与图 6.17 所揭示的壁面温度轴向分布相一致。Case 1 的壁面温度沿圆周方向基本保持在 825 K 不变。而对于 Case 2 和 Case 3,由于流体流经支撑板产生的扰动和漩涡在很大程度上减缓了蒸干引起的急剧上升的壁面温度,因此该区域最大周向壁面温度约为 658 K(即缝隙处壁面温度),其中Case 2 壁面周向温差更大。这表明在直流蒸汽发生器实际运行过程中,如果流体中携带的杂质将支撑板缝隙堵塞,不仅导致传热效率下降,而且使传热管周向热应力增大,使传热管更易遭受应力腐蚀和老化失效等问题。

为了更清晰地分析壁面温度沿圆周方向分布的不均匀性,给出了图 6.22 所示的同一结构下不同支撑板处周向壁面温度分布。结合图 6.21(a)(b) 的对比以及图 6.22 可发现,对于 Case 2,蒸干现象发生后流水孔处传热为蒸汽与壁面间对流传热。与液相相比,蒸汽差的传热性能致使壁面周向温差减小(由 TSP1 的 18 K 减小到 TSP6 的 10 K)。而对于 Case 3,随着流动沸腾的进行,含汽率越来越高,在支撑板缝隙中形成汽垫或者产生干湿交替现象,削弱缝隙中的流动与传热,缝隙内流体对壁面的冷却效果变差,壁面周向温差增大(由 TSP1 的 1.5 K 增加到 TSP6 的 5 K)。

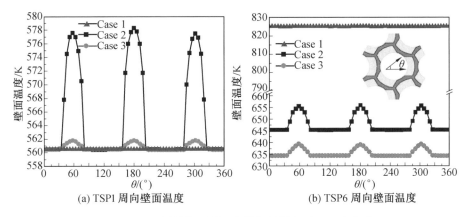

图 6.21　不同结构下同一支撑板处周向壁面温度分布

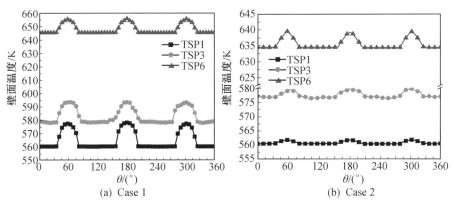

图 6.22　同一结构下不同支撑板处周向壁面温度分布

6.3　蒸干参数对蒸干及蒸干后传热的影响

6.3.1　基于欧拉－拉格朗日法的蒸干及蒸干后数学模型

缺液区流场间质量、能量传递源项和流场及壁面间能量传递源项与第 3 章给出的封闭方程相一致,不同于第 2 章采用的基于欧拉－欧拉法的数学模型(式(3.25)～(3.122))。由于该模型基于欧拉－拉格朗日法建立,需先对连续蒸汽进行求解,然后在此基础上添加离散液滴的相关控制方程,进而求解连续蒸汽与离散液滴两流场的流动与传热过程。对于连续蒸汽相的流动与传热,认为其体积分数为1,通过直接求解时均纳维－斯托克斯方程实现。对于弥散在连续蒸汽中的离散液滴,求解方法则是通过计算流场中大量以离散相形式存在的流体的运动得到。因此对于流场间动量传递,在第3章的动量传递方程(式(3.34)～(3.51))基础上须进一步考虑液滴温度梯度引起的热泳力和自身旋转引起的力。根据工程实际可能采取的做法,向缺液区核心连续蒸汽中添加离散液滴,进而控制被添加的离散液滴的直径、轴向流速、径向扰动和流量等参数,数值模拟研究蒸干参数对蒸干及蒸干后传热特性的影响。

(1) 连续蒸汽控制方程。

① 质量守恒方程。

$$\frac{\partial \rho_v}{\partial t} + \nabla(\rho_v \boldsymbol{U}_v) = M_v \tag{6.1}$$

② 动量守恒方程。

$$\frac{\partial}{\partial t}(\rho_v \boldsymbol{U}_v) + \nabla(\rho_v \boldsymbol{U}_v \boldsymbol{U}_v) = \rho_v \boldsymbol{g} - \nabla p_v + \boldsymbol{F}_v +$$
$$\nabla \left\{ \mu_v^{\text{eff}} \left[\nabla \boldsymbol{U}_v + (\nabla \boldsymbol{U}_v)^{\mathrm{T}} - \frac{2}{3} \nabla \boldsymbol{U}_v \boldsymbol{I} \right] \right\} \tag{6.2}$$

③ 能量守恒方程。

$$\frac{\partial}{\partial t}(\rho_v h_v) + \nabla(\rho_v h_v \boldsymbol{U}_v) = \frac{\mathrm{D}p_v}{\mathrm{D}t} + Q_v + \nabla(\lambda_v^{\text{eff}} \nabla T_v - h_v \boldsymbol{J}_v) + \boldsymbol{\Phi}_v \tag{6.3}$$

式中　　D——物质导数;

M——质量源项,$\mathrm{kg}/(\mathrm{m}^3 \cdot \mathrm{s})$;

$\boldsymbol{F}$——动量源项,N/m^3;

Q——能量源项,W/m^3。

(2) 离散液滴控制方程。

① 缺液区液滴的温度仍保持在饱和温度不变,其质量守恒方程如下:

$$\frac{\partial}{\partial t}(\rho_d d_d) = d_d M_d \tag{6.4}$$

式中　　d_d——液滴直径,m。

② 动量守恒方程。

$$\rho_d \frac{\mathrm{d}\boldsymbol{U}_d}{\mathrm{d}t} = \boldsymbol{F}_d \tag{6.5}$$

$$\boldsymbol{F}_d = \boldsymbol{F}_{vd} + \boldsymbol{F}_{thermo} + \boldsymbol{F}_{lift} \tag{6.6}$$

考虑到缺液区离散液滴的旋转对液滴在连续蒸汽中的运动轨迹存在非常大的影响。因此,通过一个额外的动量方程考虑这一影响:

$$I_p \frac{\mathrm{d}\boldsymbol{\omega}_d}{\mathrm{d}t} = \frac{\rho_v}{2} \left(\frac{d_d}{2}\right)^5 C_\omega \boldsymbol{\Omega} = \boldsymbol{T} \tag{6.7}$$

$$\boldsymbol{\Omega} = \frac{1}{2} \nabla \times \boldsymbol{U}_v - \boldsymbol{\omega}_d \tag{6.8}$$

$$I_p = \frac{\pi}{60}\rho_d d_d^5 \tag{6.9}$$

式中　　I_p —— 惯性矩,kg・m^2;

　　　　$\boldsymbol{\omega}$ —— 角速度,rad/s;

　　　　C_ω —— 转动拖曳系数;

　　　　$\boldsymbol{T}$ —— 力矩,N・m;

　　　　$\boldsymbol{\Omega}$ —— 相对角速度,m/s。

③ 对于所研究的连续蒸汽和离散液滴的流动与传热过程,由于连续相和离散相密度比(约为 37∶740)较小,无须考虑由包围液滴的蒸汽的加速作用产生的虚拟质量力和连续蒸汽的压力梯度引起的力。但是液滴的温度梯度产生一个与温度梯度相反的力 —— 热泳力:

$$\boldsymbol{F}_{thermo} = -\frac{6\pi d_d \mu^2 C_s (K + C_t Kn)}{\rho (1 + 3C_m Kn)(1 + 2K + 2C_t Kn)} \frac{1}{m_d T_l} \nabla T_l \tag{6.10}$$

$$Kn = \frac{2\lambda_v}{d_d} \tag{6.11}$$

式中　　C_s —— 经验系数,一般取 1.17;

　　　　K —— 蒸汽与液滴导热系数之比;

　　　　C_t —— 经验系数,一般取 2.18;

　　　　Kn —— 克努曾数;

　　　　T_l —— 蒸汽局部温度,K;

C_m —— 经验系数,一般取 1.14;

m —— 质量,kg;

λ_v —— 蒸汽平均自由程,m。

④ 液滴主要通过对流传热和自身汽化两种途径进行能量交换,其能量守恒方程如下:

$$\dot{m}_d c_{p,d} \frac{\mathrm{d}T_d}{\mathrm{d}t} = Q_d \tag{6.12}$$

式中　$\dot{m}_d$ —— 汽化速率,kg/s;

　　　$c_{p,d}$ —— 液滴比热容,J/(kg·K);

　　　T_d —— 液滴温度,K;

　　　Q_d —— 壁面和蒸汽向液滴的传热量,W。

(3) 流场间、流场与壁面间相互作用。

所研究的缺液区流动与传热行为涉及连续蒸汽与离散液滴间的质量、动量和能量传递以及流场与壁面间的相互作用,这些源项同时也是使上述方程封闭的必要条件。具体描述如下:

$$M_v = -M_d = \varGamma_d \tag{6.13}$$

$$\boldsymbol{F}_d = -\boldsymbol{F}_v \tag{6.14}$$

$$Q_v = \varGamma_d h_v + q_{vd} + \frac{\chi_c}{A} q_{wv} \tag{6.15}$$

$$Q_d = -\varGamma_d h_d + q_{dv} + \frac{\chi_c}{A} q_{wd} \tag{6.16}$$

(4) 计算策略。

为保证数值求解过程的收敛性及结果的准确性,计算策略是先不考虑离散液滴的存在,只计算连续蒸汽的流动与传热。当连续蒸汽的迭代计算误差小于 10^{-6} 并且监控的局部位置关键热工水力参数达到稳定状态后,添加离散液滴相关控制方程,与连续蒸汽进行相互作用。经试算,每对连续蒸汽迭代 10 步求解一次离散液滴轨迹,即可满足收敛性和精度要求。因此为节约计算成本,指定每对连续蒸汽迭代 10 步计算一次离散液滴的运动轨迹,并且在计算初期采用低阶离散格式,待计算趋于稳定后改用高阶离散格式。计算策略如图 6.23 所示。

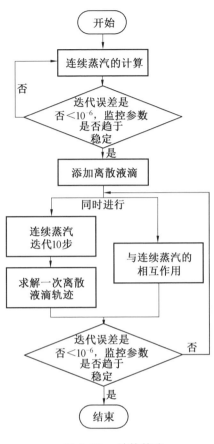

图 6.23　计算策略

6.3.2　物理模型与单值性条件

为使研究工作更易为实际工程问题提供一些参考,基于近似模化法对实际直流蒸汽发生器进行简化,得到二次侧流域蒸干及蒸干后区的物理模型。其中,流体沿二次侧轴向即 z 轴方向流动,径向上的扰动被处理为沿二次侧横截面 x 轴和 y 轴方向的流速,如图 6.24 所示。表 6.3 为几何参数。通过对所研究的连续蒸汽和离散液滴的运行参数分别进行定义,实现蒸干参数对蒸干及蒸干后传热的影响研究,边界条件见表 6.4。

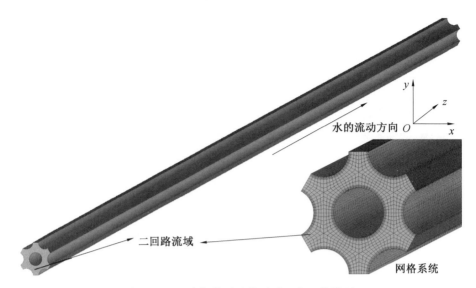

图 6.24　二次侧蒸干及蒸干后区的三维模型

表 6.3　几何参数

名称及单位	数值
管子内径 /mm	15.875
间距 /mm	22.225
长度 /mm	1 000

表 6.4　边界条件

工况	蒸汽流量 /(kg·s^{-1})	运行压力 /MPa	热流密度 /(kW·m^{-2})	液滴流量 /(kg·s^{-1})	液滴轴向流速 /(m·s^{-1})	液滴径向扰动[①] /(m·s^{-1})	液滴直径 /μm
1	0.119	7.01	506.07	0.013	2	6, 6	4 ~ 100
2	0.119	7.01	506.07	0.013	2 ~ 8	6, 6	10
3	0.119	7.01	506.07	0.013	2	(3,3) ~ (7,7)	10
4	0.106 ~ 0.122	7.01	506.07	0.01 ~ 0.026	2	6, 6	10

注：① 本列数据"a,b"表示沿二次侧横截面 x 轴和 y 轴方向的流速。

6.3.3　蒸干参数对蒸干及蒸干后传热的影响研究

流动沸腾过程中,当质量含汽率达到较高的值(即临界质量含汽率)时,连续环状液膜被撕裂为液滴,蒸干传热恶化现象发生。由液膜被撕裂而形成的液滴在 x 轴和 y 轴(径向扰动)、z 轴(轴向流速)上均存在速度。直流蒸汽发生器以不同工况运行时液滴的大小、蒸干处产生的扰动、液滴轴向流速及临界质量含汽率均发生一定的变化,这些变化进一步影响缺液区的传热特性。蒸干传热恶化现象对于直流蒸汽发生器的安全可靠运行是非常重要的限制条件,并且缺液区传热方式的显著变化引起偏离热力平衡现象的发生。结合图 2.2 可知,处于完全热力平衡时,蒸干后壁面温度从蒸干传热恶化导致的壁面温度飞升最大值迅速下降,然而处于完全偏离热力平衡时,蒸干后壁面温度从蒸干传热恶化导致的壁面温度飞升最大值仍保持线性上升趋势。也就是说,蒸干后壁面温度从下降趋势转变为上升趋势意味着蒸干后偏离热力平衡的程度越来越大。因此有必要研究蒸干参数在何种状态下能够将蒸干传热恶化及蒸干后偏离热力平衡引起的危害降到最低。

1. 基于欧拉－拉格朗日法的数值模拟结果与实验结果对比分析

Becker 提供了大量可利用的从单相液对流区到缺液区的相关实验数据。这里选取本章参考文献[13]中的 3 种实验工况(工况 358：质量流速为 3 013.6 kg/(m² · s),入口过冷度为 11.0 K,运行压力为 16 MPa,热流密度为 60.6 W/cm²;工况 420：质量流速为 3 034.5 kg/(m² · s),入口过冷度为 9.7 K,运行压力为 7.02 MPa,热流密度为 60.6 W/cm²;工况 465：质量流速为 1 009.9 kg/(m² · s),入口过冷度为 11.2 K,运行压力为 3.01 MPa,热流密度为 49.8 W/cm²),对缺液区轴向壁面温度分布特性进行了对比,如图 6.25 所示。从图中可以发现,数值模拟的蒸干后壁面温度与实验结果具有较好的一致性,3 种工况的验证结果相对误差在 ±9% 以内。

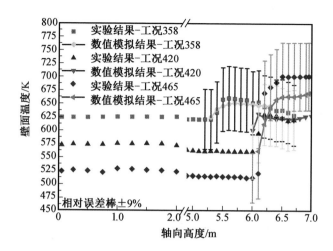

图 6.25　基于欧拉－拉格朗日法的蒸干及蒸干后缺液区轴向壁面温度分布特性对比

2. 蒸干及蒸干后传热特性分析

（1）液滴直径的影响。

该实验具体边界条件见表 6.4 中工况 1，通常液滴不发生变形及破裂的最大直径约为 10 μm 的量级，因此选择液滴直径范围为 9 ～ 100 μm。图 6.26 所示为不同液滴直径下轴向壁面温度分布，图 6.27 所示为相应表面传热系数轴向分布。由图可知，任一液滴直径下，由于蒸干的发生，壁面处传热方式由环状液膜与壁面的对流传热转变为蒸汽与壁面间的对流传热，而蒸汽的传热性能远低于液相的传热性，因此在蒸干后发展中区（轴向高度 0 ～ 0.4 m 区域）表面传热系数急剧下降，相应的壁面温度急剧上升。当蒸干的影响趋于稳定时进入蒸干后充分发展区，该区域偏离热力平衡现象的发生使蒸汽提前处于过热状态，并且轴向壁面温度发生显著变化。

随着液滴直径的减小，液滴的数量在逐渐增大。因此在液滴径向扰动作用下蒸干后发展中区传热管壁面能够被液滴更好地冷却，蒸干处壁面温度飞升的最大值逐渐减小。在蒸干后充分发展区，大液滴直径下壁面温度持续上升，而当液滴直径逐渐减小时，轴向壁面温度由上升趋势变为下降趋势。这意味着蒸干后偏离热力平衡程度在逐渐降低，液滴直径的减小在一定程度上有助于降低蒸干传热恶化及蒸干后偏离热力平衡可能引起的危害。由该现象引起的蒸汽过热

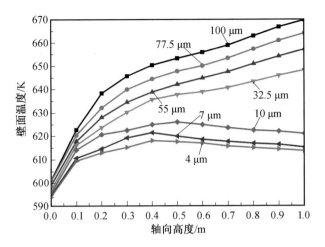

图 6.26   不同液滴直径下轴向壁面温度分布

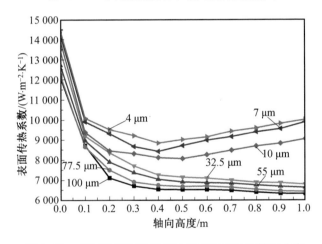

图 6.27   不同液滴直径下相应表面传热系数轴向分布

度也在相应地减小,正如图 6.28 中所揭示的。造成上述影响规律的原因是:对于
工况 1,蒸干处的液滴总体积保持不变,即 $n \cdot \frac{4}{3}\pi r^3 = \mathrm{constant}$($n$ 为液滴数量),而
液滴与蒸汽间的传热面积 $S_{d-s} = n \cdot 4\pi r^2$,结合这两个关系可知液滴与蒸汽间的
传热面积与液滴直径成反比($S_{d-s} \propto \frac{1}{r}$)。因此小液滴直径下传热效果相对强于
大液滴直径(图 6.28 中所揭示的现象),蒸干后壁面温度沿轴向高度逐渐下降,而
大液滴直径时则相反。

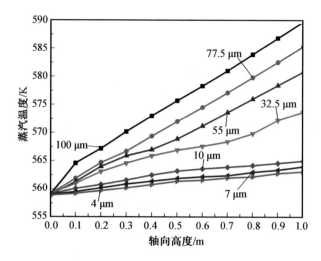

图 6.28　不同液滴直径下轴向蒸汽温度分布

（2）液滴轴向流速的影响。

该实验具体边界条件见表 6.4 中工况 2。对于实际的直流蒸汽发生器，二次侧的流动属于充分发展湍流，二次侧液体流速通常小于 10 m/s，因此选择蒸干处液滴轴向流速的范围为 2～8 m/s。

图 6.29 和图 6.30 分别说明了液滴轴向流速对蒸干及蒸干后壁面温度和表面传热系数的影响规律。由图可知，随着液滴轴向流速的增大，蒸干后壁面温度

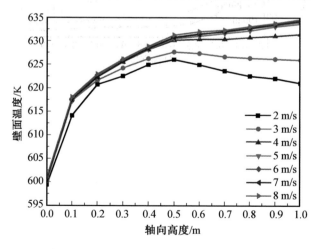

图 6.29　不同液滴轴向流速下壁面温度分布

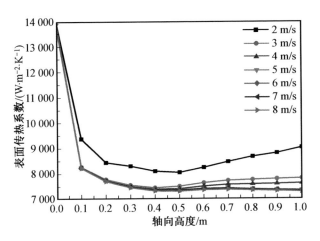

图 6.30　不同液滴轴向流速下表面传热系数分布

沿轴向高度方向逐渐由下降趋势变为上升趋势。相应的,表面传热系数沿轴向高度逐渐由上升趋势变为下降趋势。值得注意的是,当轴向流速达到 5 m/s 后,轴向流速对蒸干后壁面温度及表面传热系数的影响几乎可以忽略不计。造成上述现象的原因是:当液滴轴向流速较低时,在蒸干引起的径向扰动作用下与壁面接触的液滴数量较多,能够在一定程度上改善缺液区的传热性能,使得蒸干及蒸干后轴向壁面温度逐渐减小。随着轴向流速的增大,缺液区越来越多的液滴来不及与壁面接触就流出了流域,这一逐渐减弱的液滴与壁面间的相互作用导致壁面不能被很好地冷却,因此蒸干及蒸干后轴向壁面温度逐渐由下降趋势(2 m/s 和 3 m/s)变为上升趋势(4 m/s 和 5 m/s)。当液滴轴向流速达到临界值(5 m/s)时,液滴不再与壁面发生接触,而是直接流出了流域,对缺液区的传热性能基本没有影响。随着轴向流速在达到临界值后的继续增大,液滴轴向流速对蒸干传热恶化引起的相关现象及偏离热力平衡的影响可以忽略不计。轴向壁面温度几乎不随轴向流速的增大而发生变化。

（3）液滴径向扰动的影响。

该实验具体边界条件见表 6.4 中工况 3。采用在蒸干位置注射液滴的方式研究蒸干参数对蒸干及蒸干后传热的影响。考虑到液滴的注射必然在径向方向产生强烈的扰动(用于模拟直流蒸汽发生器中蒸干处环状液膜被撕裂后形成的液滴的溅射),因此采用与液滴轴向流速相同量级的径向扰动。图 6.31 和图 6.32

分别为液滴径向扰动对蒸干及蒸干后轴向壁面温度和表面传热系数的影响规律。从图中可以看出,随着蒸干处液滴径向扰动的增强,蒸干后发展中区液滴与壁面间能够有更多的接触,壁面附近传热得到了改善。液滴从壁面带走更多的热量,因此壁面能够被很好地冷却,蒸干处壁面温度飞升的最大值随着扰动的增强而逐渐减小。但是随着流动与传热的进行,传热区转变为蒸干后充分发展区。由于蒸干处液滴径向扰动对该区域的流动和传热行为的影响几乎可以忽略不计,所以在不同径向扰动作用下该区域轴向壁面温度和表面传热系数呈现基本一致的变化趋势,相应的轴向变化率也基本相同。这与蒸干后发展中区和充分发展区的定义相一致。

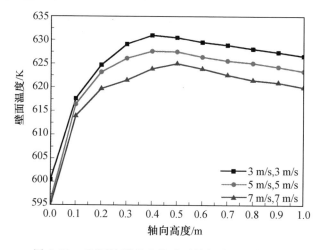

图 6.31　不同液滴径向扰动下轴向壁面温度分布

(4) 临界质量含汽率的影响。

该实验具体边界条件见表 6.4 中工况 4。考虑到第二类传热恶化现象——蒸干发生在较高质量含汽率下,因此选择的临界质量含汽率范围是 0.8 ~ 0.925。图 6.33 和图 6.34 分别为临界质量含汽率对蒸干及蒸干后轴向壁面温度和表面传热系数的影响规律,可以发现临界质量含汽率对于蒸干传热恶化发生处壁面温度飞升的最大值以及蒸干后偏离热力平衡程度有极其显著的影响。相同液滴直径下,临界质量含汽率较低时液滴数量较多,这些液滴径向扰动的叠加以及更大的传热面积使其能够更加充分地参与流动与传热,因此蒸干处的壁面温度最大值较低,并且蒸干后壁面温度沿轴向高度方向逐渐下降,这有助于降低

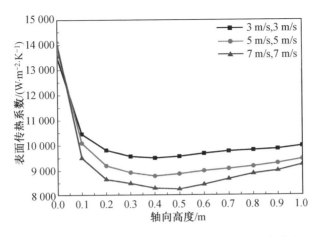

图 6.32 不同液滴径向扰动下轴向表面传热系数分布

偏离热力平衡的程度。随着临界质量含汽率的增大,液滴与蒸汽间的传热逐渐减弱,蒸汽从壁面通过对流传热吸收的热量中被蒸汽吸收的热量越来越多。随着蒸汽温度的升高,壁面温度沿轴向方向也逐渐上升。蒸汽吸收更多的热量和越来越少的被汽化的液滴数量引起蒸干后实际质量含汽率越来越偏离热平衡含汽率,这意味着蒸干后偏离热力平衡的程度也越来越大。

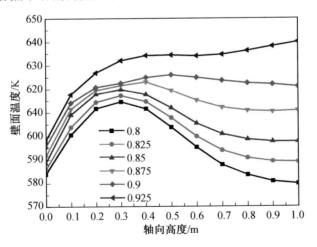

图 6.33 不同临界质量含汽率下轴向壁面温度分布

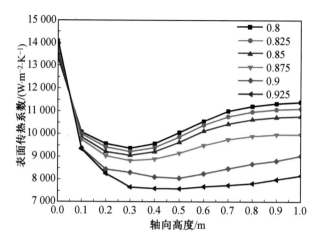

图 6.34　不同临界质量含汽率下轴向表面传热系数分布

3.有无液滴时的传热特性对比

蒸干传热恶化现象发生处,二次侧流体与管壁间的表面传热系数急剧下降,壁面温度出现飞升。如果不对该过程进行有效控制,蒸干位置附近壁面温度大的轴向,其轴向变化率以及飞升后的高壁面温度均可能引起应力腐蚀和老化失效等问题,进而威胁到设备的正常运行。本节的目的是研究蒸干参数对蒸干传热恶化现象引起的一系列连锁反应产生什么样的影响,以期为缺液区壁面温度的主动控制提供参考。因此有必要对有无液滴时的蒸干及蒸干后传热特性进行对比分析。

有无液滴时轴向壁面温度对比如图 6.35 所示,为各个工况中使蒸干后偏离热力平衡程度较大时对应蒸干参数下的轴向壁面温度分布。由图可知,无液滴时对应蒸干处的壁面温度上升到约 669 K,而有液滴时蒸干处壁面温度约为630 K。与无液滴时相比,有液滴时的蒸干后壁面温度整体幅度下降了约 39 K,这说明缺液区存在的液滴能够显著地强化该区域的传热性能,有效地使蒸干处壁面温度飞升最大值及蒸干后整体轴向壁面温度下降。其中液滴直径为 $100~\mu m$时对应的壁面温度之所以略低于无液滴时的轴向壁面温度,是因为该液滴直径超出了正常情况下液滴不发生变形和破裂时的最大值。液滴直径较大时单个液滴具有的惯性大,因此蒸干发生处液滴在扰动作用下初次与壁面碰撞后保持静止不动的可能性更大。同时大液滴直径致使液滴数量减少,使液滴与蒸汽间传热性能相对减弱。在这两种因素的共同作用下,液滴对缺液区强化传热效果变差。

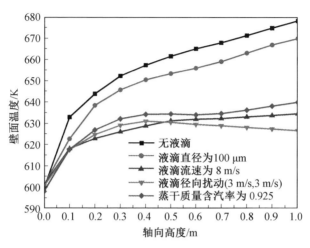

图 6.35　有无液滴时轴向壁面温度对比

图 6.36 给出了有液滴时数值计算所得蒸干后 Nu 与无液滴时数值计算所得蒸干后 Nu 之比。其中横坐标 0 代表无液滴,1、2、3 分别代表液滴直径为 1 μm、10 μm、100 μm 或液滴轴向流速为 2 m/s、5 m/s、8 m/s 或液滴径向扰动为 (3 m/s, 3 m/s)、(5 m/s, 5 m/s)、(7 m/s, 7 m/s) 或临界质量含汽率为 0.8、0.85、0.925。从图中可以看出,与无液滴情况相比,缺液区适量的液滴能够在一

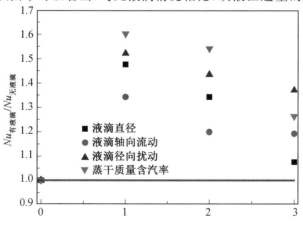

图 6.36　有无液滴时蒸干后平均 Nu 之比对比图

定程度上改善由传热恶化引起的传热性能的急剧下降,研究范围内强化传热效果最高能达到 60%。

本章参考文献

［1］KOCAMUSTAFAOGULLARI G，ISHII M. Interfacial area and nucleation site density in boiling systems［J］. International Journal of Heat and Mass Transfer，1983，26(9)：1377-1387.

［2］BENNON W D，INCROPERA F P. A continuum model for momentum，heat and species transport in binary solid-liquid phase change systems—I. Model formulation［J］. International Journal of Heat and Mass Transfer，1987，30(10)：2161-2170.

［3］PEREIRA F A R，ATAIDE C H，BARROZO M A S. CFD approach using a discrete phase model for annular flow analysis［J］. Latin American Applied Research，2010，40(1)：53-60.

［4］The Babcock & Wilcox Company. Nuclear steam generators，steam：its generation and use［M］. Barberton：The Babcock &Wilcox Company，2011.

［5］POLLOCK D T，YANG Z，WEN J T. Dryout avoidance control for multi-evaporator vapor compression cycle cooling［J］. Applied Energy，2015，160：266-285.

［6］PENG S W. Heat flux effect on the droplet entrainment and deposition in annular flow dryout［J］. Communications in Nonlinear Science and Numerical Simulation，2008，13(10)：2223-2235.

［7］DING X. Steam generators of pressurized water reactors in GWU［J］. Nuclear Power Engineering，2003，2：15-21.

［8］GOSMAN A D，IOANNIDES E. Aspects of computer simulation of liquid-fuelled combustors［J］. Journal of Energy，1983，7(6)：482-490.

[9] MORSI S A，ALEXANDER A J. An investigation of particle trajectories in two-phase flow systems[J]. Journal of Fluid Mechanics，1972，55(2)：193-208.

[10] DENNIS S C R，SINGH S N，INGHAM D B. The steady flow due to a rotating sphere at low and moderate Reynolds numbers[J]. Journal of Fluid Mechanics，1980，101：257-279.

[11] LRKRWDR T，CHENG R K，SCHEFER R W，et al. Thermophoresis of particles in a heated boundary layer[J]. Journal of Fluid Mechanics，1980，101(4)：737-758.

[12] GUO Y，MISHIMA K. A non-equilibrium mechanistic heat transfer model for post-dryout dispersed flow regime[J]. Experimental Thermal and Fluid Science，2002，26(6)：861-869.

[13] BECKER K M，LING C H，HEDBERG S，et al. An experimental investigation of post dryout heat transfer[M]. Stockholm：Department of Nuclear Reactor Engineering，Royal Institute of Technology，1983.

[14] LI X，GADDIS J L，WANG T. Modeling of heat transfer in a mist/steam impinging jet[J]. Journal of Heat Transfer，2001，123(6)：1086-1092.

[15] YOON J，KIM J P，KIM H Y，et al. Development of a computer code，ONCESG，for the thermal-hydraulic design of a once-through steam generator[J]. Journal of Nuclear Science and Technology，2000，37(5)：445-454.

[16] MORSE R W，MOREIRA T A，CHAN J，et al. Critical heat flux and the dryout of liquid film in vertical two-phase annular flow[J]. International Journal of Heat and Mass Transfer，2021，177：121487.

[17] JIN Y，CHEUNG F B，SHIRVAN K，et al. Development of a new spacer grid pressure drop model in rod bundle for the post-dryout two-phase flow regime during reflood transients[J]. Nuclear Engineering and Design，2020，368：110815.

［18］KÖCKERT L,BADEA A F,CHENG X,et al. Studies on post-dryout heat transfer in R-134a vertical flow［J］. International Journal of Advanced Nuclear Reactor Design and Technology,2021,3:44-53.

［19］NGUYEN N H,MOON S K,SONG C H. Extended validation of a developing post-dryout heat transfer correlation over a wide range of pressure conditions［J］. Nuclear Engineering and Design,2018,338:119-129.

名 词 索 引

C

传热分区 3.2

F

沸腾危机/沸腾临界 2.4

H

核动力 2.1

L

两流体三流场模型 3.6

临界质量含汽率 4.1

流动沸腾 2.2

流型 1.2

N

内螺纹管 6.2

P

偏离核态沸腾 2.5

Q

气(汽)液两相流 1.1

W

完全偏离热力平衡 2.3
完全热力平衡 2.3

Z

蒸干 2.6
支撑板 5.4
直流蒸汽发生器 2.2

附录　部分彩图

体积含汽率

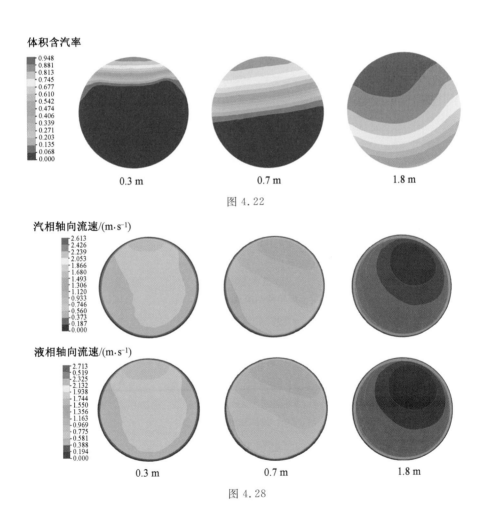

0.3 m　　　　　0.7 m　　　　　1.8 m

图 4.22

汽相轴向流速/(m·s⁻¹)

液相轴向流速/(m·s⁻¹)

0.3 m　　　　　0.7 m　　　　　1.8 m

图 4.28

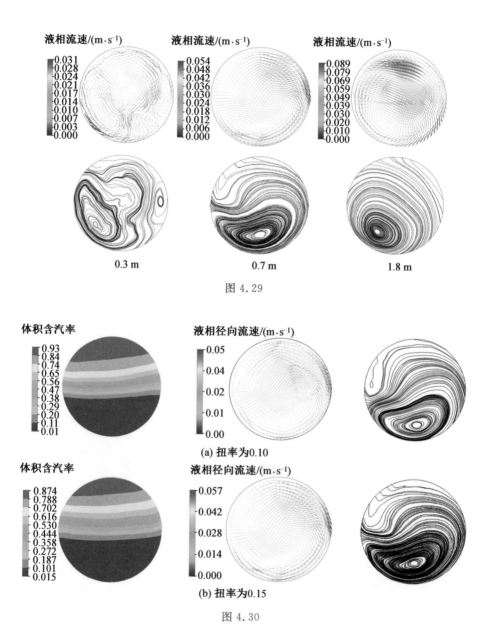

图 4.29

(a) 扭率为0.10

(b) 扭率为0.15

图 4.30

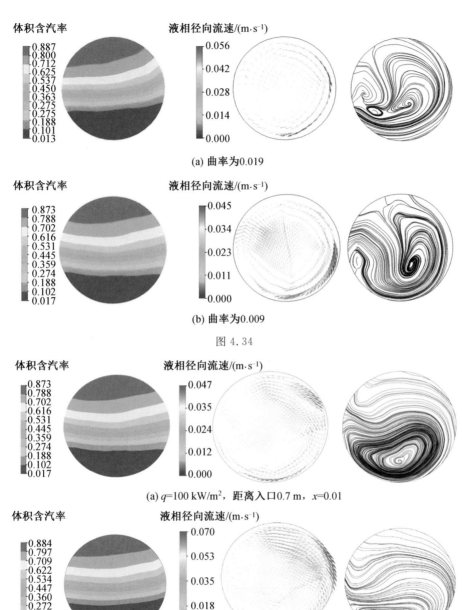

(a) 曲率为0.019

(b) 曲率为0.009

图 4.34

(a) q=100 kW/m²，距离入口0.7 m，x=0.01

(b) q=100 kW/m²，距离入口1.2 m，x=0.03

图 4.40

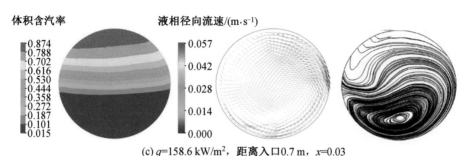

(c) q=158.6 kW/m², 距离入口0.7 m, x=0.03

续图 4.40

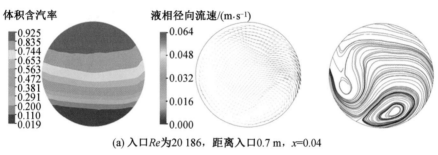

(a) 入口Re为20 186，距离入口0.7 m, x=0.04

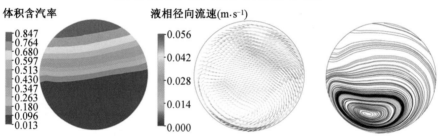

(b)入口Re为61 621，距离入口0.7 m, x=0.01

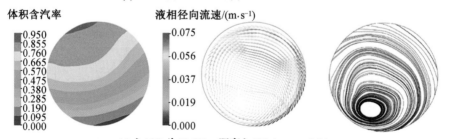

(c) 入口Re为61 621，距离入口1.4 m, x=0.04

图 4.45

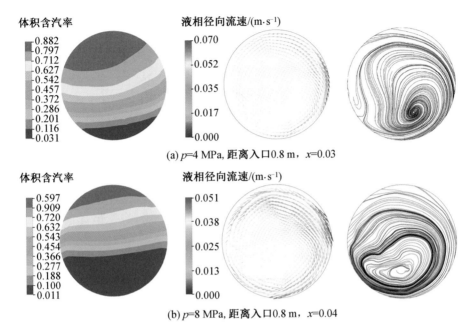

(a) p=4 MPa, 距离入口0.8 m, x=0.03

(b) p=8 MPa, 距离入口0.8 m, x=0.04

图 4.49

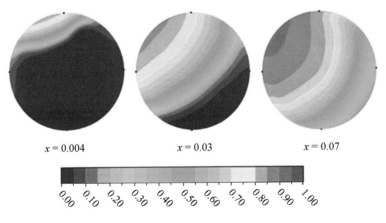

图 4.54

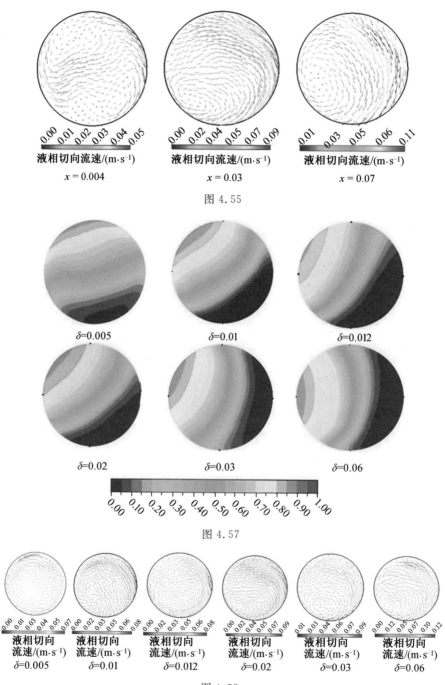

液相切向流速/(m·s⁻¹)

x = 0.004

液相切向流速/(m·s⁻¹)

x = 0.03

液相切向流速/(m·s⁻¹)

x = 0.07

图 4.55

δ=0.005   δ=0.01   δ=0.012

δ=0.02   δ=0.03   δ=0.06

图 4.57

液相切向
流速/(m·s⁻¹)
δ=0.005

液相切向
流速/(m·s⁻¹)
δ=0.01

液相切向
流速/(m·s⁻¹)
δ=0.012

液相切向
流速/(m·s⁻¹)
δ=0.02

液相切向
流速/(m·s⁻¹)
δ=0.03

液相切向
流速/(m·s⁻¹)
δ=0.06

图 4.58

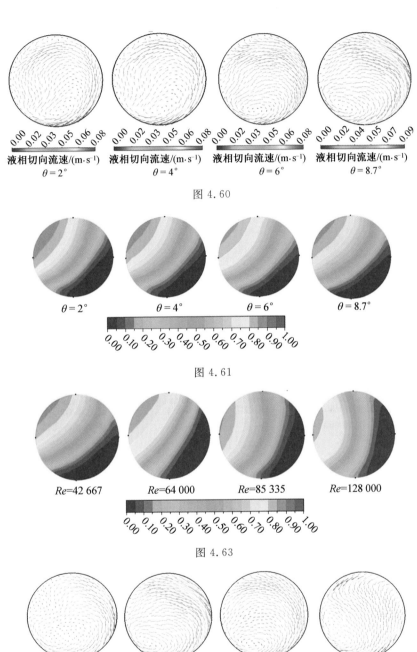

0.00 0.02 0.03 0.05 0.06 0.08
液相切向流速/(m·s⁻¹)
θ = 2°

0.00 0.02 0.03 0.05 0.06 0.08
液相切向流速/(m·s⁻¹)
θ = 4°

0.00 0.02 0.03 0.05 0.06 0.08
液相切向流速/(m·s⁻¹)
θ = 6°

0.00 0.02 0.04 0.05 0.07 0.09
液相切向流速/(m·s⁻¹)
θ = 8.7°

图 4.60

θ = 2°   θ = 4°   θ = 6°   θ = 8.7°

0.00 0.10 0.20 0.30 0.40 0.50 0.60 0.70 0.80 0.90 1.00

图 4.61

Re=42 667   Re=64 000   Re=85 335   Re=128 000

0.00 0.10 0.20 0.30 0.40 0.50 0.60 0.70 0.80 0.90 1.00

图 4.63

0.00 0.01 0.03 0.04 0.05 0.06
液相切向流速/(m·s⁻¹)
Re=42 667

0.00 0.02 0.04 0.05 0.07 0.09
液相切向流速/(m·s⁻¹)
Re=64 000

0.01 0.03 0.04 0.06 0.08 0.10
液相切向流速/(m·s⁻¹)
Re=85 335

0.00 0.02 0.05 0.07 0.10 0.12
液相切向流速/(m·s⁻¹)
Re=128 000

图 4.64

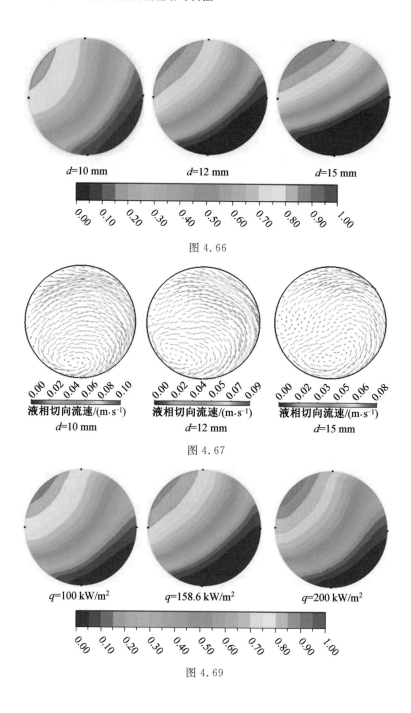

图 4.66

图 4.67

图 4.69

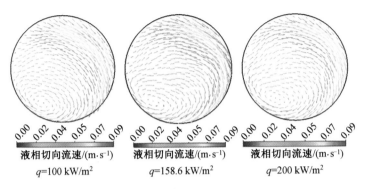

液相切向流速/(m·s⁻¹)
q=100 kW/m²

液相切向流速/(m·s⁻¹)
q=158.6 kW/m²

液相切向流速/(m·s⁻¹)
q=200 kW/m²

图 4.70

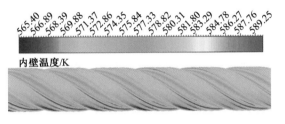

内壁温度/K

外壁温度/K

图 4.75

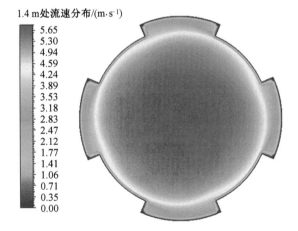

图 4.76

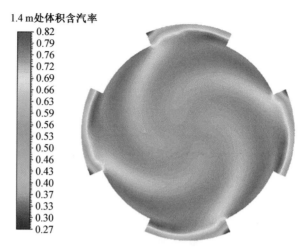

1.4 m 处体积含汽率

图 4.77

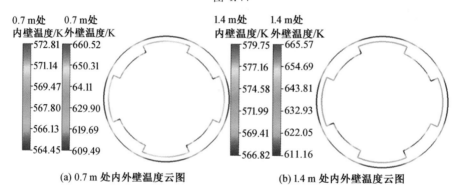

(a) 0.7 m 处内外壁温度云图　　　　　(b) 1.4 m 处内外壁温度云图

图 4.79

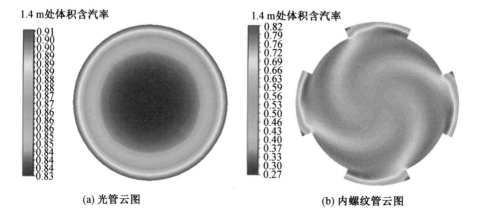

(a) 光管云图　　　　　(b) 内螺纹管云图

图 4.81

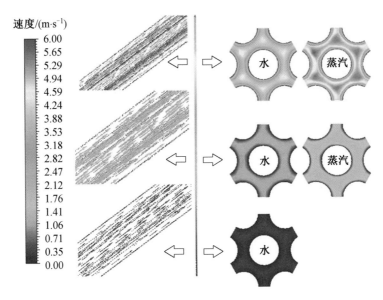

图 5.8

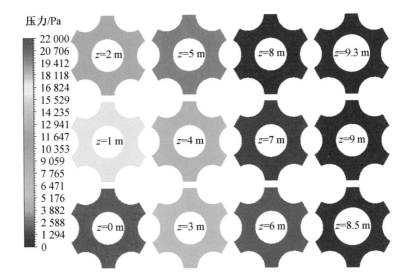

图 5.10

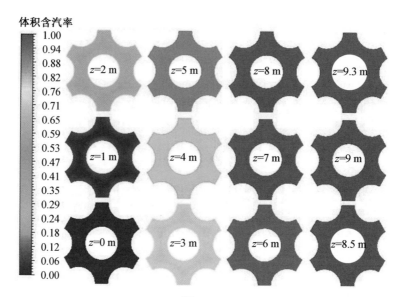

图 5.12

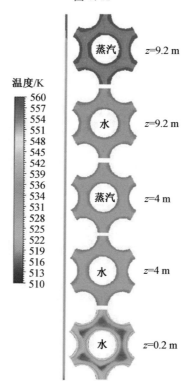

图 5.14

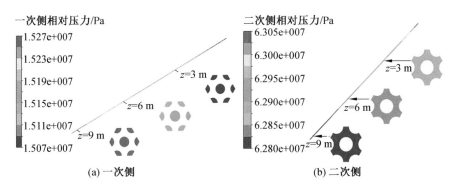

图 5.22

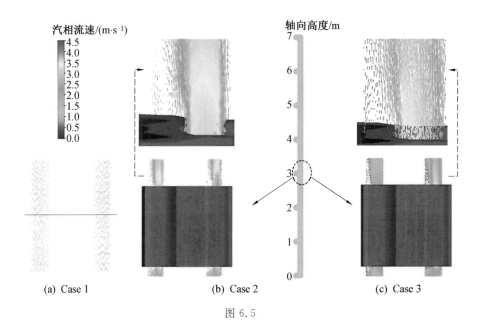

图 6.5

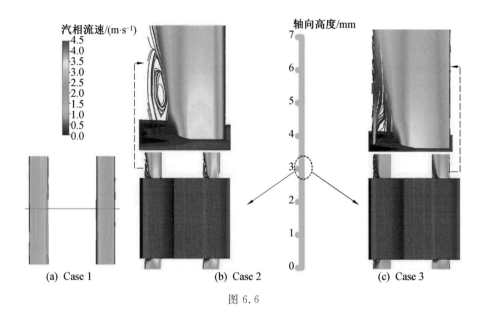

图 6.6

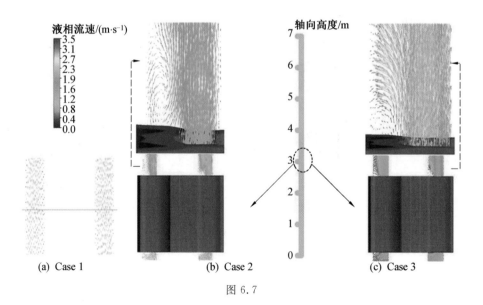

图 6.7

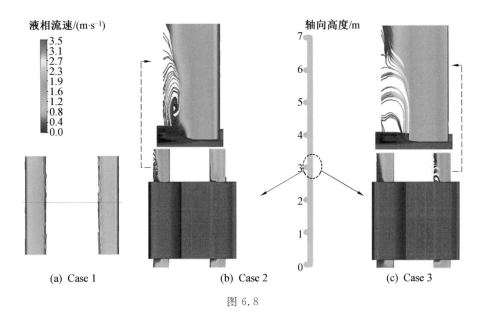

图 6.8

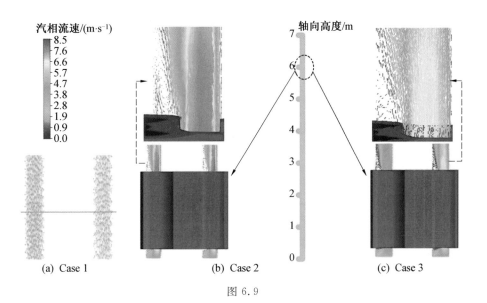

图 6.9

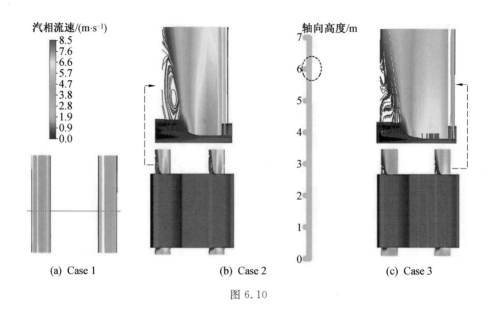

图 6.10

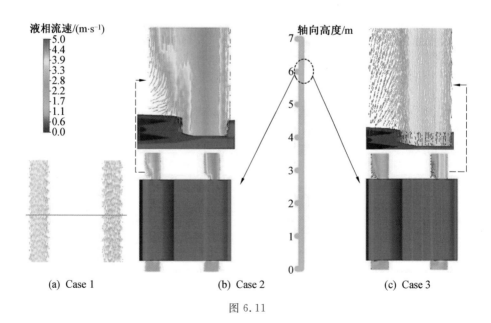

图 6.11

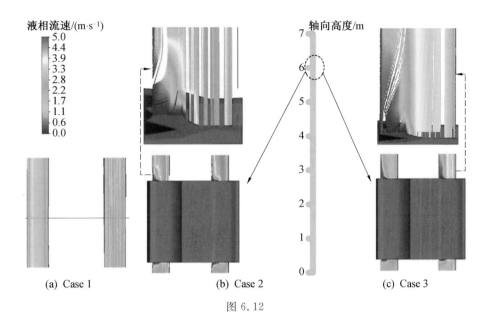

图 6.12

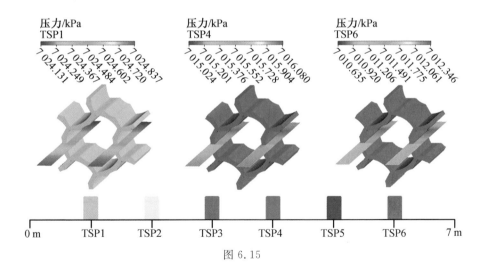

图 6.15

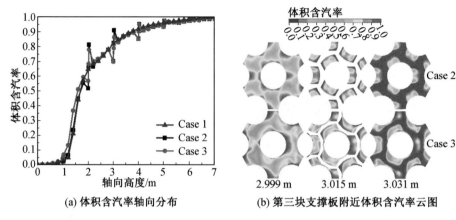

(a) 体积含汽率轴向分布　　(b) 第三块支撑板附近体积含汽率云图

图 6.16

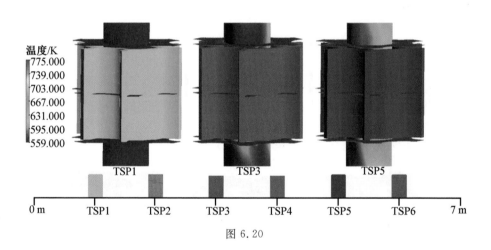

图 6.20